[让全球精英受益一生的
心灵成长课程]

最受欢迎的
哈佛心理课

| 牧　之◎编著 |

汇聚心理学精华，有效激发正能量。
读完此书，你也可以和世界上幸福的人一样享受生活。

ZuiShouHuanYingDe
HaFoXinLiKe

立信会计出版社
LIXIN ACCOUNTING PUBLISHING HOUSE

图书在版编目（CIP）数据

最受欢迎的哈佛心理课 / 牧之编著. —上海：立
信会计出版社，2014.6
　　（去梯言）
　　ISBN 978-7-5429-4185-5

　　Ⅰ.①最…　Ⅱ.①牧…　Ⅲ.①心理学–通俗读物
Ⅳ.①B84-49
　　中国版本图书馆CIP数据核字（2014）第058215号

策划编辑　蔡伟莉
责任编辑　蔡伟莉
封面设计　久品轩

最受欢迎的哈佛心理课

出版发行　立信会计出版社
地　　址　上海市中山西路2230号　　邮政编码　200235
电　　话　(021) 64411389　　　　　传　真　(021) 64411325
网　　址　www.lixinaph.com　　　　电子邮箱　lxaph@sh163.net
网上书店　www.shlx.net　　　　　　电　话　(021) 64411071
经　　销　各地新华书店

印　　刷　固安县保利达印务有限公司
开　　本　720毫米×1000毫米　　　1/16
印　　张　18.75　　　　　　　　　插　页　1
字　　数　258千字
版　　次　2014年6月第1版
印　　次　2017年7月第11次
书　　号　ISBN 978-7-5429-4185-5/B
定　　价　36.00元

PREFACE

前　言

她有着近百年的历史，是美国最早的私立大学之一；

她是全球最多亿万富豪就读的大学；

她在近百年内造就了8位美国总统，40位诺贝尔奖获得者和30位普利策奖得主；

她的一举一动都牵扯着世人的心，都极有可能改变整个世界；

她为世人所关注和仰慕，被誉为美国政府的思想库；

她，就是哈佛大学。

哈佛大学始建于1636年，最初的校名是"坎布里奇学院"，即剑桥学院。300多年来，哈佛大学先后培养出了数百名在不同行业中居于领袖地位的学子，这些人或决定着所在国家或世界的政治格局，或操纵着整个世界的经济命脉，或引领带动着人类的科技风暴，或改变着人们的思想与行为……可以说，哈佛大学是一所顶尖人才的摇篮，其世界一流学府的地位毋庸置疑，也是无可撼动的。每一位哈佛学子，都以哈佛为荣；每一位求学之士，都以哈佛为终生向往的象牙塔。

哈佛大学之所以能成为学子向往的高等学府，之所以能成为成功与荣誉的象征，就是因为在哈佛当中，有一群思想深刻、学术顶尖的大师。

哈佛大学除了向众多学子传授专业知识外，也格外关注他们的心理健康水平乃至哈佛之外人们的心理发展。哈佛大学作为全美乃至全世界高等学府综合排名第一的名校，她的心理学专业也是令哈佛人骄傲的学科。哈佛大学教育学院心理学在全美综合排名一直名列前茅，遥遥领先的地位也为她培养了出色的学子与教授。比如，塞德兹教授与心理学家、哲学家威廉·詹姆斯，而后者更是被尊为美国心理学之父。正是在这样一所精英辈出的名校，哈佛学子们的心灵得到有益而健康的滋养。

哈佛大学的心理课程摒弃了传统的枯燥讲解，用一个个鲜明生动的事例传达心理学的知识，启迪人们的思考及自我发现。现在，我们将哈佛课堂搬到纸上，还原哈佛教授在心理学课上曾讲解和运用过的故事，旨在让更多的人走近哈佛课堂，听一堂生动有趣的哈佛心理课。

愿每位读者都能从书中汲取智慧、获得深思，得到发展。

CONTENTS

目　　录

第3章 拆掉思维里的墙——成功思维课

第4章 挖掘大脑的潜能——潜意识心理学

第5章 每天给自己一点正能量——情绪心理学

第6章　性格决定命运——优化性格心理学

第7章　你以为你以为的就是你以为的吗——行为心理学

第8章 别为打翻的牛奶哭泣——快乐心理学

第9章 你的成功需要拥有自控力——积极心理学

第10章 幸福是一种能力——幸福心理学

第11章 你认识谁比你是谁更重要——社交心理学

第12章　在别人贪婪时恐惧，在别人恐惧时贪婪——投资心理学

第13章　世界如此险恶，你要内心强大——职场心理学

第1章

[要战胜别人，先战胜自己——心理素质课]

我们生活在竞争如此激烈的社会中，每个人都想要功成名就、出人头地。但是，多少成功和失败的经验教训证明，在通向人生巅峰的道路上，始终要战胜的不是别人，而是自己。那个经常使我们受伤的强大的敌人，深深地隐藏在我们自己的心中！

所以，在不断的奋斗与拼搏中，只有首先培养第一流的心理素质，才能战胜灵魂深处所有的弱点，始终立于不败之地。

人生最大的挑战就是自己

人的一生，总是在与自然环境、社会环境、家庭环境做着适应及克服的努力，因此有人形容人生如战场，勇者胜而懦者败；从生到死的生命过程中，所遭遇的许多人、事、物，都是战斗的对象。其实，自己的心念，往往不受自己的指挥，那才是最顽强的敌人。

莎士比亚曾说："假使我们自己将自己比做泥土，那就真要成为别人践踏的东西了。"

其实，别人认为你是哪一种人并不重要，重要的是你是否肯定自己；别人如何打败你，并不是重点，重点是你是否在别人打败你之前，就先输给了自己。很多人失败，通常是输给自己，而不是输给别人。因为自己如果不做自己的敌人，世界上就没有敌人。

这是一个真实的故事：

美国从事个性分析的专家罗伯特·菲力浦有一次在办公室接待了一个因企业倒闭而负债累累的流浪者。

罗伯特从头到脚打量眼前的人：茫然的眼神、沮丧的心态、十来天未刮的胡须以及紧张的神态。专家罗伯特想了想，说："虽然我没有办法帮助你，但如果你愿意的话，我可以介绍你去见本大楼的一个人，他可以帮助你赚回你所损失的钱，并且协助你东山再起。"

罗伯特刚说完，他立刻跳了起来，抓住罗伯特的手，说道："看在老

天爷的份上，请带我去见这个人。"

罗伯特带他站在一块看来像是挂在门口的窗帘布之前。然后把窗帘布拉开，露出一面高大的镜子，他可以从镜子里看到他的全身。罗伯特指着镜子说："就是这个人。在这世界上，只有这个人能够使你东山再起，你觉得你失败了，是因为输给了外部环境或者别人了吗？不，你只是输给了自己。"

流浪者朝着镜子走了几步，用手摸摸他长满胡须的脸孔，对着镜子里的人从头到脚打量了几分钟，然后后退几步，低下头，哭泣起来。

几天后，罗伯特在街上碰到了这个人，他不再是一个流浪汉形象，西装革履，步伐轻快有力，头抬得高高的，原来那种衰老、不安、紧张的姿态已经消失不见。

后来，这个人真的东山再起，成为芝加哥的富翁。

就像故事中的主人公一样，人生在世，要战胜自己很不简单，一般人得意时得意忘形，失意时自暴自弃；人家看得起时觉得自己很成功，落魄时觉得没有人比他更倒霉。唯有不受成败得失的左右、不受生死存亡等有形无形的情况所影响，纵然身不自在，却能心得自在，才算战胜自己。

当然，我们不得不承认，人性都是有弱点的。在人的一生中想得最多的是战胜别人，超越别人，凡事都要比别人强。心理学家告诫我们：战胜别人首先要战胜自己。

我们不是常常看到有的人想努力学习努力工作，却战胜不了自己的散漫和懒惰；想谦虚待人，却战胜不了自己的自负与骄傲；想和别人协调处事，却战胜不了自己的自私与偏见……

关键的是我们要懂得：

战胜了懒惰，才会有勤奋；战胜了骄傲，才会有谦逊；战胜了固执，才会有协调；战胜了偏见，才会有客观；战胜了狭隘，才会有宽容；战胜了自私，才会有大度。

如果说懒惰、骄傲、固执、偏见、狭隘、自私是人性的弱点，那么勤奋、谦逊、协调、客观、宽容、大度就是人性的优点。

美国著名心理学教授丹尼斯·维特莱把这些人性的优点称为良好的精神准备。他指出：有无良好的精神准备，或是打开成功之门的钥匙，或是封闭成功之门的铁锁。因此，战胜别人首先要战胜自己，因为最强大的敌人不是别人而是自己。

人生最强大的敌人就是自己，最大的挑战就是挑战自我。

自己肯定自己，是一种意志的胜利；

自己征服自己，是一种灵魂深处的提升；

自己控制自己，是一种理智的成功；

自己创造自己，是一种心理境界的升华；

自己超越自己，是一种人生的成熟。

凡是能够肯定自己、征服自己、控制自己、创造自己、超越自己的人，就具备了足够的力量战胜事业和生活中的一切艰难、一切挫折、一切不幸。

成功 就是要战胜自己

有一位哲人曾经这样诠释人生：

"人的一生只有5%是精彩的，也只有5%是痛苦的，另外的90%是平淡的；人们往往被5%的精彩诱惑着，忍受着5%的痛苦，在90%的平淡中度过。"

是的，我们无法避免在追求成功的路上所遇到的荆棘与挫折，但是，当你的内心将这些挫折当作痛苦去对待的话，疲劳将始终纠缠着你，失望将一直笼罩着你。其实，只要我们的内心更加坚强一些，强大到可以战胜自己内心一切的弱点，那么，成功也就离你不远了。

如把我们日常所经过的种种痛苦和烦恼，仔细分析一下，你会发现，这痛苦的来源有一大部分都是战胜不了自己。

当我们需要勇敢的时候，先要战胜自己的软弱；

需要洒脱的时候，先要战胜自己的执迷；

需要改变的时候，先要战胜自己的固执；

需要冷静的时候，先要战胜自己的冲动；

需要勤奋的时候，先要战胜自己的懒惰；

需要宽宏大量的时候，先要战胜自己的浅狭；

需要廉洁的时候，先要战胜自己的贪欲；

需要公正的时候，先要战胜自己的偏私。

这许多矛盾的名词——勇敢、软弱，洒脱、执迷，勤奋、懒惰，宽大、浅狭，廉洁、贪欲，公正、偏私……几乎经常同时占据着我们。

美国《运动画刊》上登载了一幅漫画，画面是一名拳击手累瘫在练习场上，标题为《突然间，你发觉最难击败的对手竟是自己》。这个标题实在耐人寻味。

在剑桥有一名学业成绩优秀的毕业生，去报考一家大公司，考试结果名落孙山。这位青年得知这一消息后，深感绝望，顿生轻生之念，幸亏抢救及时，自杀未成。不久后传来消息，他的考试成绩名列榜首，是统计考分时，电脑出了差错，他被公司录用了。但很快又传来消息，说他被公司解聘了，理由是一个人连如此小小的打击都承受不起，又怎么能在今后的岗位上建功立业呢？

这个青年虽然在考分上击败了其他对手，可他没有打败自己心理上的敌人，他的心理敌人就是惧怕失败，对自己缺乏信心，自己给自己制造心理上的紧张和压力。

世上没有绝对完美理想的人，当然也很少有绝对不可救药的人，每一个人的性格中会或多或少存在着上述的矛盾。这些矛盾，在你遇到一件事情，需要你采取行动去应付的时候，往往会同时出现。而当它们同时出现的时候，也就是你开始彷徨困惑、痛苦不堪的时候。你会作出什么样的决定，完全看这两种矛盾的力量是哪一边战胜。如果是积极和光明的一边战胜，你就走向成功。如果是消极和黑暗的一边战胜，你就走向失败。

这理由很明显，按理说，每一个人都应该知道自己怎样做，才是正确的决定。但是，很少有人能够不经交战而采取正确的行动。甚至交战的结果，仍是消极与黑暗的一边战胜。

战胜自己不是一件容易的事，它需要很大的勇气与坚定的信念。想想看，你战胜自己的次数多吗？还是时常姑息纵容了自己？

一个人，如果他勤奋，那必定是他战胜了自己的懒惰。懒惰是我们最难克服的一个敌人。许多本来可以做到的事，都因为一次又一次的懒惰拖延，而把成功的机会错过了。

当我们尝试一项新工作，接触一个新环境，应付一个新场面的时候，总难免有一种向后牵拽的力量。我们常会退缩地想：还是安于现状吧！还是省事为妙吧！还是不要冒险吧！于是，就在这种消极的决定中，不知多少可贵的机会流失了。许多人抱怨自己一事无成，恐怕这消极的处理事情的习惯，是使他失败的一个最大的原因。

每一个人都知道公正廉洁是可敬的，偏私贪欲是可耻的，但是事到临头，往往就会出现一些你事先所想不到的压力，风气的不良，或一项消极退守的成语，如"识时务者为俊杰"之类。其实，那正是你被另一个自己所战败的明证。一个人在必要的时候战不胜自己，是羞耻的，任何理由都无法掩饰这种羞耻。一个人应该有力量让自己那光明的一面战胜，否则，你的人生就失败了。

如果你知道宽恕是一种美德，那么你为什么还不肯早一点把眼前琐碎的得失恩怨放开看淡呢？

要知道，我们有时痛苦困扰，犹豫不安，那只是因为我们心情上有两种相反的力量在相持不下。让我们明智一点，早作抉择，你就觉得生活的面目豁然开朗起来了。

勤奋与懒惰，清醒与执迷，并不是距离遥远的两极，而只是薄薄的剃刀的两面，其间只有一刃之隔。你翻过这一刃之隔，便是勤奋与清醒；留在那边，便是懒惰与执谜。你要不要翻过，只在短短的一念之间。

如果你决心清醒，你便可以清醒；如果你决心执迷，你就将继续执迷。这"决心"的实现，不在于你能不能，而在于你肯不肯。

战胜自己，我便是强者

"战胜自己，我便是强者。"这句话的意思是说，当你遇到挫折或身处逆境，都应该顽强拼搏，有战胜困难的自信和勇气，那样的你，就是一个强者，一个谁都打不败的强者。

想想历史上伟大的人物和那些有建树的人们，哪一个不是对自己信心十足，具有顽强毅力的呢？如果爱迪生因为一次次失败而灰心了，那么他还能成为举世闻名的发明大王吗？如果爱因斯坦因为别人的嘲笑而放弃了自己的信念，那么他还能写出《相对论》，成为诺贝尔物理奖的获得者吗？

这个世界上谁是真正能够打败你的人？唯有你自己。

我们奋斗在人生的旅途中，我们不能轻易服输，相信只要自己努力就没有什么战胜不了的。然而，太多的时候，面对恶劣的环境，面对天灾人祸，面对重重的困难和挫折，是我们在心理上首先否定了自己，因而选择了放弃，选择了失败。

一支小分队在一次行军中，突然遭到敌人的袭击，混战中，有两位战士冲出了敌人的包围圈，结果却发现进入了沙漠。走至半途，水喝完了，受伤的战士体力不支，需要休息。于是，同伴把枪递给伤员，再三吩咐："枪里还有五颗子弹，我走后，每隔一小时你就对空鸣放一枪。枪声会指引我前来与你会合。"说完，同伴满怀信心找水去了。躺在沙漠中的伤员却满腹狐疑：同伴能找到水吗？能听到枪声吗？会不会丢下自己这个"包袱"独自离去？

暮色降临的时候，枪里只剩下一颗子弹，而同伴还没有回来。受伤的战士确信同伴早已离去，自己只能等待死亡。想象中，沙漠里秃鹰飞来，狠狠地啄瞎了他的眼睛、啄食他的身体……结果，他彻底崩溃了，把最后一颗子弹送进了自己的太阳穴。枪声响过不久，同伴提着满壶清水，领着一队骆驼商旅赶来，找到了一具尚有余温的尸体。

那位战士冲出了敌人的枪林弹雨，却死在了自己的枪口下，让人扼腕叹息之余不免警醒：不要轻易地对生活绝望，只要你不放弃希望，不放弃努力，就有获得重生的机会。

有时，面对困难，我们常常退缩，理由是困难太大；面对竞争，常常逃避，理由是对手太强；面对责任，我们常常推卸，理由是担子太重……不错，人生给我们的太多太多，而我们用于逃避的理由也同样太多太多。我们为什么不敢正视这一切？是因为我们无法战胜自己内心的种种怯弱、担忧、自卑以及恐惧！

人的本性是这样的，人的本性注定我们的内心有许多的不坚强；自己，往往是最可怕的对手，是最无底的沟，是最看不透的迷雾。为了成功，我们必须战胜自己，自己是通往成功的最后一道屏障。

古希腊有一位演说家，起初他由于口吃，常常被对手反驳得无还击之力，而遭到别人的嘲笑。也许，有很多人会说这是他自己的能力无法达到的，放弃才是明智的选择，然而，就是这位演说家，每天清晨坚持演说，经过不懈的努力，他成为了当时最为著名的演说家。由此可见：天生的不足，别人的嘲笑，以及种种的理由，都不是阻碍你成功的荆棘，唯有你自己为了安稳享乐，为了蝇头小利，为了达到暂时的满足，放弃了坚持、奋争，才会让你永远地无法超越。

很多人都知道海伦，都知道爱迪生，也知道卧薪尝胆的故事，不错，古往今来，无数的成功者都是对"战胜自己"最完美的诠释。如果你还在退缩，请快点明白，战胜自己是如何紧迫；如果你还在犹豫，请看看那些胜利者是如何一步步走来；如果你已经在向自己挑战，那你要坚持，成功最终会对你敞开胸怀的！

使人痛苦的原因很多，或者来自感情生活的挫折或不幸；或者来自理想追求的挫折；或者来自丧失亲友的悲痛等等。无论由何种原因引起的痛苦，其共同的情绪体验是，陷入情感上的悲哀、矛盾、忧虑而不能自拔。因此，要消除痛苦的情绪，首先必须战胜自己。让自己陷入痛苦之中，对解决问题无任何补益，会使情绪更糟糕。相反，学会劝慰自己，你就会重新振作起来。

战胜自己是一个不断超越的过程

人们常常抱怨，人生中有太多的敌人，包括学习中遇到的沟壑，事业上难爬的高山，生活中隐藏的陷阱。竞争的年代，又平添了众多的对手，时时向你发起挑战和进攻，就像枪口对枪口，尖刀对尖刀。你稍一麻痹，稍一犹豫，就将前功尽弃或前程断送。可你哪里知道，真正的敌人不在眼前和背后，而是你自己。你要战胜各种艰难困苦，首先要战胜你自己。如果你连自己都不能战胜，何谈战胜别人和各种险阻。

我们的进步既包括今天对昨天的扬弃，也包括明天对今天的否定。成绩只能说明过去流过的汗水，只能用它来点燃明天的辉煌。运动员不甘否定往日的金牌，今天就可能连铜牌都拿不到。强项变弱项，老马失前蹄，是因为被往日的战绩所坠身，思想上的包袱压扁了勇气和信心。蝉蛹像小牛一样钻破土地的硬壳，勇敢地爬上树干，坚决撕破自己的身体，让自己在背后钻出一只飞蝉，嘹亮地鸣唱；蝴蝶从笨拙的蛹虫的身体中剥离，用灿烂的翅膀，在芬芳的鲜花间自由飞翔。它们在否定自己、战胜自己后走向了一个更高的层次。

战胜自己就是创造一个崭新的自己，而不是走向倒退。蝌蚪恨自己不能像鸟儿一样在陆地上蹦跳唱歌，就努力长出四肢，忍痛割掉自己的尾巴，变成了一只青蛙，这是进步。然而，蛹虫羡慕蝴蝶的飞舞与美丽，脱掉外衣，走出躯壳，却变成了一只祸害庄稼的飞蛾。还有，传说海狮的祖先曾是狮子中的一种，它生长于大山之中，却梦想海洋的生活，终于演变成海洋大家庭的一员，可它往日的威风和凶猛却荡然无存，只留下了几根猫一样的长胡须。这不是生物的进化，而是生物的倒退，这种否定方式是不可取的。

在追求成功的道路上，我们发现一部分人失败了，而另一部分人却成功了，这究竟是什么原因呢？这其中的主要原因是：前者是被自己打败，而后者却能打败自己。

美国有位叫凯丝·戴莱的女士，她有一副好嗓子，一心想当歌星，遗憾的是嘴巴太大，还有暴牙。她初次上台演唱时，努力用上嘴唇掩盖暴牙，自以为那是很有魅力的表情，殊不知却给别人留下滑稽可笑的感觉。

有位男听众很直率地告诉她："暴齿不必掩藏，你应该尽情地张开嘴巴，观众看到你真实大方的表情，相信一定会喜欢你的。也许你所介意的暴牙，会为你带来好运呢!"

一个歌唱演员在大庭广众之下暴露自己的缺陷，首先是要用理智说服自己，还要有勇气打败自己。凯丝·戴莱接受了这位男听众的忠告，不再为暴齿而烦恼，她张开嘴巴尽情地歌唱，发挥自己的潜能特长，终于成为美国影视界的大明星。

一个人要挑战自己，靠的不是投机取巧，不是要小聪明，靠的是信心。世界著名的游泳健将弗洛伦丝·查德威克，一次从卡得林那岛游向加利福尼亚海湾，在海水中泡了16小时，只剩下最后1海里时，她看见前面大雾茫茫，潜意识发出了"何时才能游到彼岸"的信号，她顿时浑身困乏，失去了信心。于是她被拉上小艇休息，失去了一次创造纪录的机会。事后，弗洛伦丝·查德威克才知道，她已经快要登上了成功的彼岸，阻碍她成功的不是大雾，而是她内心的疑惑。是她自己在大雾挡住视线之后，对创造新的纪录失去了信心，然后才被大雾所俘虏。过了两个多月，弗洛伦丝·查德威克又一次重游加利福尼亚海湾，游到最后，她不停地对自己说："离彼岸越来越近了!"潜意识发出了"我这次一定能打破纪录"的信号，顿时浑身来劲，最后弗洛伦丝·查德威克终于实现了目标。

当你需要勇气的时候，就能战胜自己的懦弱；

当你需要勤奋的时候，就能战胜自己的懒惰；

当你需要廉洁的时候，就能战胜自己的私欲；

当你需要谦虚的时候，就能战胜自己的骄傲；

当你需要宁静的时候，就能战胜自己的浮躁。

人有了信心，就会产生意志力量。人与人之间，弱者与强者之间，成功与失败之间最大的差异就在于意志力量的差异。人一旦有了意志的力量，就能战胜自身的各种弱点。

最终击败你的只有自己

有位名人说过："一个人在比较了自己与别人的力量和弱点之后，如果仍然看不出差别的话，那么他将很容易被他的敌人打败。"

穆罕默德·阿里，美国职业拳击运动员，有"拳王"之称。1981年，阿里告别拳坛，一年后，40岁的他被确诊患了帕金森氏症，并出现了语言和行动上的障碍。但他永不屈服的精神鼓励他站了起来，并担当了联合国和平大使，经常拖着病体前往战乱与冲突地区，倡导和解，呼吁和平。世人在为这种精神折服的同时，也对是什么一直支撑着阿里，让他有了无数的胜利，尔后又战胜恐怖病症感到惊奇。其中的答案在阿里的自述中得到了充分的解释。

在阿里的人生信条中，一直支撑他取得胜利的是这样一句话："我绝不会失败，除非我确信自己已经失败了。"

在无数的拳击比赛中，阿里始终把自己看作是最强大的，只要自己相信自己会胜利，那么，没有人会击败我。这种信念，在他12岁的时候已经形成。在阿里的自述中有这样一段：

"我在12岁的时候是个爱说大话的人，让父母感到很头痛。我穿着'金手套'夹克乱逛，趾高气扬，说大话，进行拳击攻防练习。那时是20世纪50年代，我喜欢说大话，当时在肯塔基州路易斯维尔，人们认为年轻黑人不应该是这样的。

"那是在我去摔跤场观看戈尔热·乔治（美国职业摔跤运动员，将摔跤与表演相结合，成功取得票房佳绩——编者注）表演前后。他当时是个大人物，一位白人摔跤手，更多的时间是在摔跤场上进行表演而不是真正进行摔跤比赛。他着盛装出场，不断地拿观众打趣。'不要弄乱我漂亮的头发，我很可爱。'他一边说一边神气活现地在舞台上走过来走过去。他披着一件很大的红色斗篷，黄色的头发吹得高高的。'不要弄乱我漂亮的头发，'他反复地嚷着，观众则发出一阵阵嘘声。我当时注意到摔跤场里座无虚席。观众嘘得越厉害，他卖出去的票就越多。

　　"我回家后更加趾高气扬，更加自吹自擂，更加爱说大话了。我可怜的父母感到更加不安了。我在对假想的对手练习拳击的时候总爱说：'我将成为最出色的拳击手。'直到现在，我自己的公司就叫G.O.A.L.公司，意思是'最出色的'公司。我在12岁时就知道我将成为最出色的拳击手。

　　"在我的每一场业余拳击比赛中，我总是机动防守、猛击对方并最后获胜。我拍着胸脯，吹嘘自己多么出色，我一直都知道，我比戈尔热·乔治可爱得多。我还知道，我能比那个摔跤手卖出更多的票。

　　"我并不孤独，很多同学都参加学校拳击训练，我们总是谈论谁将成为下届拳击冠军。有一位教师认为我是个说大话的人。她看不起我们，好像很讨厌我们这些自信心十足的拳击手。她根本不相信我们的潜力。我一直认为她是那种没有头脑的人。有一天我们正在走廊里比划着拳击姿势，她走过来，眼睛直盯着我说：'你永远不会有出息的。'

　　"17岁的时候，我在路易斯维尔戴上了金手套。第二年，我在1960年罗马奥运会上夺得金牌。我成了全世界最出色的拳击手！回家后我做的第一件事情是走进那位教师上课的教室。我问她：'还记得你说我永远不会有出息的话吗？'

　　"她看着我，一副吃惊的样子。

　　"'我是世界上最出色的拳击手。'我一边说一边抓着系金牌的绸带在她面前晃动。'我是世界上最出色的拳击手。'说完就把金牌放进口袋，然后头也不回地走出那间教室。那个怀疑我潜力的教师使我发誓要成为最出色的拳击手。我在12岁时就知道我会成为最出色的拳击手。"

追忆阿里某些特点，他的生活与言谈给我们很多启示。他并没有贮藏任何过去的东西——既没有在他的办公室里存留，也没有在他的记忆里保存。他对未来一无设想——既没有考虑他该为别人做些什么，也没有打算让别人为他做些什么。

他曾经说："我绝不会失败，除非我确信自己已经失败了。我遇见一些强壮粗野的人，可我在他们面前缺少应变的技巧。他们认为他们已经打败了我。此事公之于众，发表在杂志上。我就以这种方式被打败了，在所有人的眼中失败了，可能就输在十几行不同的报纸消息上。有关我的传说表明我已负债累累，收支亏空很大，并且因此赶走了我的对手。我的国家情况可能不太妙。我们这些人都有些病态，丑恶，卑贱，而且名声不好。我的孩子情况可能会更糟。我看来也在失信于我的朋友和顾客。这就是说，在所有经历过的对抗中，我一直未能真正武装起来，以便对付那场特殊的比赛。于是我被历史击败了。可是我知道，一直知道，我绝没有输给别人，甚至都未曾打过那场比赛。当我的时刻到来之时，我一定会奋起迎战，并且击败对手。"

其实，人生何尝不是如此呢。你的一生会出现无数个对手，他们会用各种方式向你挑战，但到了最后，失败往往是从自己心中开始的。

拯救自己

在不断的生活斗争中，每一个人都会陷入成功与失败的旋涡中，在不断挣扎与抗争中，成功者选择自己拯救自己，失败者相信神会眷顾他，当他这个信念与现实不符时，最终他会选择自我迷茫。

在不断与生活进行着抗争时，只有自己能拯救自己，只要有一丝的抗争勇气，就有一丝的成功希望。自人类出现以来，我们就在不断地与大自然进行着斗争，与其说是适者生存，还不如说在这场斗争中，胜利的是人类。

在崎岖的生活之路上，我们需要不断地与环境斗争。其实，敌人已经就是那样，关键在于你是否已经从心底否定了自己，要是这样，再舒适的环境也不会造就一个成功者。

有两个人同时到医院去看病，并且分别拍了X光片，其中一个人原本就生了大病，得了癌症，另一个人只是做例行的健康检查。

但是由于医生取错了照片，结果给了他们相反的诊断，那一位病况不佳的人，听到身体已恢复，满心欢喜，经过一段时间的调养，居然真的完全康复了。

而另一位本来没病的人，经过医生的宣判，内心起了很大的恐惧，整天焦虑不安，失去了生存的勇气，意志消沉，抵抗力也跟着减弱，结果还真的生了重病。

看到这则故事，真的是令人哭笑不得，因心理压力而得重病的人是该怨医生还是怨自己？乌斯蒂诺夫曾经说过："自认命中注定逃不出心灵监狱的人，会把布置牢房当作唯一的工作。"

以为自己得了癌症，于是便陷入不治之症的恐慌中，脑子里考虑得更多的是"后事"，哪里还有心思寻开心，结果被自己打败。而真的癌症患者却用乐观的力量战胜了疾病，战胜了自己。

更多的时候，人们不是败给外界，而是败给自己。俗话说"哀莫大于心死"，绝望和悲观是死亡的代名词，只有挑战自我，永不言败者才是人生最大的赢家。

战胜自己就是最大的胜利。与其说是战胜了疾病，不如说是战胜了自己。工作不顺利时，我们常常会找种种借口，认为是领导故意刁难，把不可能完成的工作交给自己；认为最近健康状况欠佳，才导致效率不高……心想偷懒，还把偷懒理由正当化，总认为期限还有三天，明天、后天拼一下，今天不妨放松一下。

实际上，战胜困难要比打败自己相对容易，所以有人说："我"是自己最大的敌人。战胜自己靠的是信心，人有了信心就会产生力量。

人与人之间，弱者与强者之间，成功与失败之间最大的差异就在于意志力量的差异。人一旦有了意志力量，就能战胜自身的各种弱点。

第2章

[正确地认识自我、评价自我——自我认知课]

古希腊先哲告诫世人说："认识你自己"。然而这一告诫说起来容易，做起来却很难。在实际中，人们往往不是把自己看得太高了，就是过分低估了自己。

认识 自我的乔韩窗口理论

美国心理学家乔（Jone）和韩瑞（Hary）提出关于自我认识的窗口理论，被称为乔韩窗口理论。他们认为人对自己的认识是一个不断探索的过程。因为每个人的自我都有四部分：公开的自我、盲目的自我、秘密的自我和未知的自我。通过与他人分享秘密的自我、通过他人的反馈减少盲目的自我，人对自己的了解就会更多更客观。

那么如何认识自己呢？认识自我的渠道主要有三种。

1.从自己与他人的关系认识自己

与他人的交往，是个人获得自我认识的重要来源，他人是反映自我的镜子。从幼年到成年，我们从简单的家庭关系扩展到外面的友爱关系，进入社会又体会到复杂的人际关系。聪明而善于思考的人能从这些关系中用心向别人学习，获得足够的经验，然后按照自己的需要去规划自己的前途。但是，在与他人的关系中认识自己也要注意一些问题：

第一，跟别人比较的是我们做事的条件，还是我们做事的结果？比如有些大学生来大学学习，认为自己家庭条件和经济基础不如别人，开始就把自己置于次等地位，进而影响学习心态和情绪。其实我们应该比较的是大学毕业后各自所取得的成绩，而非在学校学习时所具备的条件。

第二，跟他人比较的标准是可变的还是不可变的？经常有人认为自己不如他人，他们关注的常常只是身材相貌、家庭背景等不能改变的条件，对于大多数人来说这些条件是很难改变的，是没有实际比较意义的。

第三，和什么样的人相比较？是与自己条件相类似的人，还是个人心目中的偶像或不如自己的人？所以，确立合理的比较对象对自我的认识尤为重要。

2.从"我"与事的关系认识自我

从"我"与事的关系认识自己，即从做事的经验中了解自己。我们可以通过自己所做过的事，所取得的成果、成就看到自己身上的缺点和优点。对那些聪明又善用智慧的人来说，成功、失败的经验都可以促使他们再成功，因为他们了解自己，有坚强的品格特征，又善于学习，因而可以避免重蹈失败的覆辙；而对于某些比较脆弱的人，因为只看到失败反映出的负面因素，而更使其失败。这也是常见的现象。因为他们不能从失败中学到教训，改变策略追求成功，而且挫败后形成害怕失败的心理，不敢面对现实去应付困境或挑战，甚至失去许多取得成功的机会；而对于一些自大的人而言，成功反而可能成为失败之源。他们可能因为成功便骄傲自大，以后做事便自不量力，往往遭受更多的失败。

3.从"我"与自己的关系中认识自我

从"我"与自己的关系中认识自我看似容易，其实做到这一点是非常困难的。我们可以从以下几个角度去试着认识自己：

第一，自己眼中的我。个人眼中观察到的客观的我，包括身体、容貌、性别、年龄、职业、性格、气质、能力等。

第二，别人眼中的我。在与别人交往时，从别人对你的态度、情感反映而感觉到的我。不同关系的人，不同类型的人对自己的反应和评价是不同的，它是个人从多数人对自己的反映中归纳出的认识。

第三，自己心中的我，也指自己对自己的期待，即理想中的我。

我们可以通过自己眼中的我，别人眼中的我，自己心中的我这三个我的比较分析来全面认识自己，进而完善自己。

认识自我，克服自卑

几千年来，哲学家一直都忠告我们，要认识自我，但是，大部分的人都把这解释为仅认识自我消极的一面，大部分的自我评估都包括太多的缺点、错误与无能。认识自己的缺点是很好的，可惜却很难谋求改进。但如果仅认识自己的消极面，就容易产生自卑心理。因此，自卑心理产生的根源在于不能正确地认识自己。

人类最大的弱点就是自卑，至少有百分之九十五的人，其生活多多少少会受到自卑的影响。很多不能获得成功和幸福的人，也主要是因为有严重的自卑感。自卑心理严重的人，并不一定就是他本人具有某种缺陷或短处，而是不能悦纳自己，常把自己放在一个低人一等、不被别人喜欢、被别人看不起的位置，并由此陷入不可自拔的境地。自卑感的产生不是来自"事实"或"经验"，而是来自我们对事实和经验的评价。例如，我是个唱歌不行的人或跳舞不行的人，但是，这并不是说我是个"不行的人"，这取决于我们用什么标准来衡量自己。自卑感之所以会影响我们的生活，并不是由于我们在智能上或知识上不如人，而是我们有不如人的感觉，这种感觉常常会使我们不能正确地判断自己，只会带来低人一等的感觉。

自卑感常会给我们的生活带来负面影响，如自卑的人容易心情低沉，郁郁寡欢，常因害怕别人瞧不起自己而不愿与别人来往，只想与人疏远，因而缺少朋友，甚至感到自责自卑的人；做事缺乏信心，没有自信，优柔寡断，毫无竞争意识，享受不到成功的喜悦和欢乐，因而感到疲惫、心灰意懒。可见，自卑的心理会促使一个人在人生道路上走下坡路，它是加速人们衰老的催化剂。因此，我们应该摒弃自卑心理，客观地分析自我，认识自我，热爱自我。

这里有几个战胜自卑的方法。

1.全面了解自己

将自己的兴趣、嗜好、能力和特长全部列出来，哪怕是很细微的方面也不要忽略。然后再和其他同龄人做比较。通过全面、辩证地看待自身情况和外部世界，认识到凡人都不可能十全十美，人的价值主要体现在通过自己的努力，达到力所能及的目标。对自己的失败持客观理智态度，既不自欺欺人，又不看得过于严重，而是以积极的态度应对现实。

2.转移注意力

一个人既不可能十全十美也不可能一无是处。不要老把注意力放在自己的缺点和失败上，而应将注意力和精力转移到自己最感兴趣，也最擅长的事情上去，从中获得的乐趣与成就感将强化你的自信，驱散你自卑的阴影，缓解你的心理压力和紧张。

3.对自己的自卑进行心理分析

这种方法可在心理医生的帮助下进行。具体做法就是通过自己的联想和对早期经历的事情的回忆，分析找出导致自卑心理的原因，让自己明白自卑情结是因为某些早期经历而形成的，自卑感是建立在虚幻的基础上的，与自己的现实情况无关，因而是没有必要在意的。这样可以从根本上瓦解自卑情结。

4.用行动证明自己的能力与价值

看一个人有没有价值，我们常通过他所做的事情来判断，能做成多大的事情，就有多大的价值。因此，你可先选择一件自己较有把握也较有意义的事情去做，做成之后，再去寻找一个目标。这样，你可以不断收获成功的喜悦，在成功的喜悦中不断走向更高的目标。每一次成功都将强化你的自信心，弱化你的自卑感，一连串的成功则会使你的自信心趋于巩固。当你切切实实感觉到自己能干成一些事情时，你还有什么理由怀疑自己的能力呢？

5.从另一个方面弥补自己的弱点

每一个人都有着多方面的才能，一个人这方面有缺陷，但可从另一方面谋求发展。一个身材矮小或过于肥胖的人，可能当不成模特和仪仗队队员，可是这世界上对身材没有苛刻要求的工作多的是。一个人只要有了积极心态，能对自己扬长避短，就会将自己的某种缺点转化为自强不息的推动力量。因为它会促使你更加专心地关注自己选择的发展方向，往往能促成你获得超出常人的发展，最终成为卓越人士。这方面的著名事例数不胜数，如身材矮小的拿破仑、身短耳聋的贝多芬、下肢瘫痪的罗斯福、少年坎坷艰辛的巨商松下幸之助、霍英东、王永庆、曾宪梓等，这些人要么有自身缺陷，要么有家庭缺陷，但他们都成了卓越人士，都从某个方面改变了世界。

张士柏，一位杰出的美籍华裔青年。他的事迹已经传遍了全世界。张士柏在13岁时参加游泳比赛，由于起跳过猛，头部触击池底，造成颈椎骨断裂，医生最终作出残酷的诊断：他已经高位截瘫，不可能再站起来了……起初，他的家人无论如何也接受不了这个事实，每天沉浸在痛苦中，为了治疗，4根长长的铁钉穿过张士柏的脑袋，他强忍剧痛，配合医生。在病床上学完了八年级最后三个月的课程、四年高中课程，又以全校第一的成绩提前一年毕业。布什总统亲自给他颁发了"学业成绩奖"。他的化学老师埃万斯基问他为什么这么拼命和坚强？他说："我有个秘密，请不要对我的家里人说。"这个秘密使埃万斯基非常感动，并且为他写了感人至深的推荐信。这封信使一向庄严矜持的斯坦福大学、哈佛大学、宾夕法尼亚大学和加州伯克利大学4所世界驰名的学校负责人流下了眼泪，同时向张士柏发出了入学邀请。张士柏最终选择了斯坦福大学。张士柏在一年里学完了两年的大学课程，越过硕士直接考入斯坦福大学博士班。

那是什么秘密使他的化学老师异常感动呢？张士柏回答："医生曾悄悄告诉我，一个高位截瘫的人比常人寿命短，干什么都很困难，一定要珍惜生命啊！我没有对家人讲，怕他们难过。而是暗下决心，我要坚信我的生命的潜能与价值并没有也不会"高位截瘫"。我一定要在短暂的生命里，学会我想学到的东西，做成我想做的事，并且回报社会，帮助别人……"

和我们所谈到的那些名人一样，张士柏通过自己的努力证明了自身的价值，他没有向命运低头，而是靠着坚定的信念和信心取得了成绩。

6.推翻内向的自我形象

每个人都应该是自己的主宰，做自己人生的导航员。没有谁比你自己更能决定你的命运。因此，你个性内向与否，那不是上帝的安排，而是你自己的安排，而是你自己的决定。当你认定自己性格内向时，你便赋予了自己内向、封闭的自我形象。而一旦这一形象标签进入你的潜意识，它又反过来约束你的行为。对自己的社交缺乏信心的人，不妨将自己从记事以来所认识的朋友都罗列出来，你会惊讶于自己竟有这么广泛的交际。特别是要多想想你的那些好朋友，既然你能与那么多人建立起良好的人际关系、深厚的友谊，也就足以证明你并非性格内向，不善交际了。

上苍赋予我们每个人的东西都是我们的资本，都可以被充分利用以实现自我价值。我们不必埋怨现状，只要你做到珍视自己所拥有的，充分发挥其作用，从现在起发挥自身的优势和潜能，实现其价值，就能够战胜自卑，找到自我。因为能体现自身价值的并不是那些外在肤浅的东西，而是内涵、修养、品德。这看似相同的三个词却道出了做人的三要素。

挑战自我，变自卑为自信

心理学家根据对社会的调查发现，严重影响人们自信主动、勇于进取的障碍主要有五个因素：

• 自卑。过分的自我批判，常常表现为过分的自我挑剔，因而导致在心志上的"自杀"，失去进取心。

• 胆怯。胆怯的心理必然会磨灭自己的梦想、想象力和独创精神，因为总是害怕出问题而失去许多机遇。

• 懒惰，倦怠。由于不肯努力学习，勤奋工作，使自己变得平庸无能，也使某些原本有才华的人失去了进取和创造的精神。

• 性格的片面性和狭隘性。一个人的个性是一个特别重要和积极的因素，但它必须是健全和完整的，片面和狭隘的个性会阻碍创造才能的发挥，也会对人际关系有消极的影响。

• 动机与兴趣的浮躁与庸俗。这个不利因素会使人从众流俗，忽冷忽热，浮躁地追求某种时髦，实际上还是不明确自己到底要什么，因而也就浅尝辄止或有始无终。

很明显，这五大障碍归根到底都是心理态度的消极，缺乏自信主动的意识。这些心理往往都是在个人成长过程中不知不觉养成的。

小时候，看见别的孩子爬树，你却总是站在一旁看着，自己从不敢尝试一下。你认为别的孩子太淘气了，而你早已学会了安分守己，于是，你便失去了机会。上学了，班上举办文艺活动，会唱歌的你不敢报名参加，你不敢上台，怕出丑丢脸。诸如此类的小机会，如果你不抓住，似乎一次又一次的放弃也没什么损失。但实际上，你的损失是巨大的，因为你的心态和选择已经形成了消极被动的习惯。那么等到关键的时机来临的时候，你怎么会发现和抓住呢？等待你的只有错过和失去。

实际生活告诉我们：争取成功的动力和机遇就是这样飞来又失去，失去又飞来。问题在于你能否改变自己，能否唤醒积极的自我意识。如果不是心态积极，自信主动，哪里会有什么动力和机遇？即使机遇和目标就在你眼前晃动，你也不会发现，或是发现了也不敢抓住。所以，我们所缺乏的主要不是机遇和条件，而是积极的自我意识。

人们都很羡慕那些取得成功的人，其实那些创造了奇迹的人与我们最大的区别就在于，他们都非常自信。如果把一个人的成功比作土地上的果实，那么，自信就是取得成功果实的种子。有了种子不等于就会有果实，还要精耕细作，努力工作。但如果没有种子是绝对不能长出果实来的，一个人不相信自己有能力、有价值并且可以成功，哪里还会自觉地强化自信意识，树立成功心理呢？

对个人来说，有自信，往往可以使平庸的男女成就神奇的事业，成就那些虽然天分高、能力强却又疑虑与胆小的人所不敢尝试的事业。你的成就的大小，永远不会超出你自信心的大小。拿破仑的军队绝不会爬过阿尔卑斯山，假如拿破仑以为此事太难的话。同样，假如你对于自己的能力存在严重的怀疑和不信任，你的一生绝不会成就重大的事业。成功的先决条件就是自信。

河流是永远不会高出其源头的。人生事业的成功，亦必有其源头的，而这个源头，就是梦想与自信。不管你的天分怎样高，能力怎样大，受教育程度有多高，你的事业的成功，总不会高过你的自信。"他能够，是因为他认为自己能够；他不能够，是因为他认为自己不能够"。自信对我们的成功非常重要，很多的科学家、发明家把它作为最重要的因素。发明家爱迪生就说过，自信是成功的第一要素。拿破仑·希尔，美国成功学的一个重要的代表人物，也是反复地强调自信，他甚至说，自信就是生命和力量，自信是创业之本，信心就是奇迹。

有许多人常常这样认为：世界上种种最好的东西，与自己是没有关系的；人生种种善的、美的东西，只是那些幸运宠儿所独享的，对于自己则是一种禁果。他们沉迷于自以为卑微的信念中，所以他们的一生，自然要活在自己卑微的世界里；除非他们一朝醒悟，敢于抬头要求"优越"。世间有不少可以成就大事，但结果却老死田下，默度其渺小一生的男女，就因为他们对于自己的期待、要求太小的缘故。

自信心比金钱、势力、家世、亲友更有意义。它是人生最可靠的资本之一。它能使人克服困难，排除障碍，使人的冒险事业走向成功，它比很多东西都更有价值。一个人能够给予自己很高的估价，则他在做事时，必所向披靡，即使刚刚开始，也可得到一半的胜利，操一半的胜算了。一切横在自卑自抑者面前的障碍，在自信的人面前，是完全不存在的。假如我们去研究、分析一下"自造机会"的人们的伟大成就，就一定可以看出，他们在奋斗时，一定是先有一个充分信任自己能力的坚定心理。他们的心情、志趣，坚强到可以踢开一切可能阻挠自己的怀疑和恐惧，这份自信，使得他们能够勇往直前。

正确地评价自己

自我评价是心理学中的一个术语，是指人对自身条件、素质、才能等各方面情况的一种判断。自我评价得恰当与否，直接关系到个人的职业选择、事业的成功。

正确地进行自我评价一般可通过两种方法：一种是直接的自我评价，一种是间接的自我评价。

1.直接的自我评价

直接的自我评价首先是认识自己的自然条件：包括健康情况、心理状态、情感特点、兴趣倾向、知识水准、专业特长、智力情况、能力特点，以及文字表达能力、动手操作能力、心理承受能力等各方面的情况。其次是同自己在不同领域的实践中取得的不同成绩相比较，以发现自己的长项，确定奋斗目标。美国华尔街股神沃伦·巴菲特原想成为音乐家，也曾在大学学习音乐专业，但很快他就发现自己的长处不在这里，于是便毅然转到股票投资方面的学习中去了。

2.间接的自我评价

间接的自我评价是指通过与他人行为的对照、情况的对比，发现自我认识的错误。当局者迷，那么就不妨用与他人相比较的方法及用自己在不同领域中取得的不同成果相比较的方法鉴别一下。多数人在自我评价问题上具有两重性，一方面，喜欢幻想，把个人的境遇、发展、前途画得绚烂多彩；另一方面，又常常低估自己的才智和工作能力，自我评价常常是过谦的，甚至是比较自卑的。有的人可能不辨音律，但却有着高超的组织才能；有的人也许不解数字之谜，但却心灵手巧，长于工艺；有的人可能不好琴棋书画，但酷爱自然，精于园艺；有的人或许记不住许多外语单词，但有一副动人的歌喉，擅长文艺。诸如此类，不一而足。正确的自我评价，是帮助我们确定正确的奋斗方向的前提。在实践中，在与他人的比较中，要突破一定的思维定势，要使思维方法尽可能地全面些、辩证些、灵活些。

人的知识、才能通常是处于离散的、朦胧的状态，需要人们不断地挖掘、探索、发现和开发，从个人的兴趣爱好、思维方式、毅力的恒久性、已有的知识结构、献身精神与果敢魄力等多方面进行全面的考察和测试，才能为作出科学的自我评价提供有益的帮助。

充满自信，精神就不会崩溃

哈佛大学有一学生团体，提倡在大学生中每年选出一位最合乎现代标准且美丽的大学生，并且举办比赛。以下是那里的工作人员的介绍。

工作人员到各大学里，看到美丽的大学生，就把小册子拿给她们看，请她们参加这个比赛。从市到州，举办一次又一次这样的比赛。而后，大家变得愈来愈美，简直让人惊讶。

工作人员说："大概愈来愈有自信了吧！"这话完全正确。

1900年7月，一位叫林德曼的德国精神病学专家独自一人驾着一叶小舟驶进了波涛汹涌的大西洋，他在进行一项历史上从未有过的心理学试验，预备付出的代价是自己的生命。

林德曼博士认为，一个人只要对自己抱有信心，就能保持精神和肌体的健康。当时，德国举国上下都在注视着独舟横渡大西洋的悲壮的冒险。已经先后有100多位勇士相继驾舟横渡大西洋，结果均遭失败，无人生还。林德曼博士认为，这些死难者首先不是从肉体上败下阵来的，主要是死于精神上的崩溃，死于恐怖和绝望。为了验证自己的观点，他不顾亲友们的反对，亲自进行了试验。

在航行中，林德曼博士遇到了难以想象的困难，多次濒临死亡，他的眼前甚至出现了幻觉，运动感也处于麻木状态，有时真有绝望之感。但只要这个念头一升起，他马上就大声自责："懦夫，你想重蹈覆辙、葬身此地吗？不，我一定能够成功！"生的希望支持着林德曼，最后他终于成功了。他在回顾成功的体会时说："我从内心深处相信一定会成功，这个信念在艰难中与我自身融为一体，它充满了身体的每一个细胞。"

林德曼的试验表明，人只要对自己不失望，充满自信心，精神就不会崩溃，就可能战胜困难而存活下来。

成就绝不会超过自信所能达到的高度

一位心理学家曾做过这样一个实验：

他将一只饥饿的狗放在类似迷宫的木板围成的甬道中，狗为了觅食不断地向上窜，向上跳，企图越过木板出去。但每当狗向上窜时，就会得到一次电击的惩罚，开始时受饥饿的驱使，狗仍然向上窜跳，但次数越来越少。经过反复几次惩罚，狗就完全放弃出去的希望，再也不往上窜跳了。

心理学家把这种现象称为"习得性无力感"。一个人自信心的丧失与这个实验过程有相似之处。没有哪一个人生来就缺乏自信心。以学习为例，天生对学习不感兴趣，对学习从开始就没有信心的学生是不存在的。学习上的"无力感""无奈感"是由于多次学习失败的挫折积累造成的，若考试成绩一连几次不理想，自信心便一次次被磨蚀，直至内心再也燃不起努力进取的热情，"学习无力感"便形成了。"学习无力感"形成的原因多是在遭受挫折后，不注意总结经验教训，丧失信心，失去了一次次本可以创造走出逆境的机会，最后对自己只好彻底放弃。

如果首先想到的是"我做不好"这个消极的结果，大脑活动的积极性、主动性被抑制，连尝试一下的勇气都没有，自然更谈不上探索和提高。

一个人的成就绝不会超出他自信所能达到的高度。

据说拿破仑亲率军队作战时，同样一支军队的战斗力，便会增强一倍。原来，军队的战斗力在很大程度上基于士兵们对于统帅的敬仰和信心。如果拿破仑在率领军队越过阿尔卑斯山的时候，只是坐着说："这件事太困难了。"毫无疑问，拿破仑的军队永远不会越过那座高山。拿破仑的自信和坚强，使他统帅的每个士兵都增强了战斗力。所以，无论做什么事，坚定不移的自信力，都是达到成功所必需的和最重要的因素。

有一次，一个士兵快马加鞭给拿破仑送信，由于跑得速度太快，在到达目的地之前猛跌了一跤，那匹马就此一命呜呼。拿破仑接到了信后，立刻写了回信，交给那个士兵，吩咐士兵骑自己的马，从速把回信送去。

那个士兵看到那匹强壮的骏马，身上装饰无比华丽，便对拿破仑说："华美强壮的骏马不配给我这样下等的士兵享用。"拿破仑回答道："世上没有一样东西，是法兰西士兵所不配享有的。"

是的，世界上到处都有像这个法国士兵一样的人。他们以为自己的地位太低微，别人所拥有的种种幸福，是不属于自己的，以为是不配他们享有的。这种自卑自贱的观念，往往就成为不求上进、自甘堕落的主要原因。

第3章

[拆掉思维里的墙——成功思维课]

在完美人生的追求中，一切都取决于对自己、对他人、对人生、对世界的看法和观念。我们看到的就是我们得到的。所以，如果你想要成为一个更具活力的创造者，就一定要意识到你的观念，让你的观念摆脱一切偏见、一切固执、一切套子，让一切真正具有生命力的东西生长。如果一个人不改变对现实的看法，不改变看待事物的观念，就不可能有真正的改变，就不可能有真正的成长。

思维定势束缚你的自由

很多人走不出思维定势，所以他们走不出宿命般的可悲结局；而一旦走出了思维定势，也许可以看到许多别样的人生风景，甚至可以创造新的奇迹。因此，从舞剑可以悟到书法之道，从飞鸟可以造出飞机，从蝙蝠可以联想到电波，从苹果落地可悟出万有引力……常爬山的应该去涉涉水，常跳高的应该去打打球，常划船的应该去驾驾车，常当官的应该去为民。换个位置，换个角度，换个思路，也许我们面前是一番新的天地。

小象出生在马戏团中，它的父母也都是马戏团中的老演员。

小象很淘气，总想到处跑动。工作人员在它腿上拴上一条细铁链，另一头系在铁杆上。

小象对这根铁链很不习惯，它用力去挣，挣不脱，无奈的它只好在铁链范围内活动。

过了几天，小象又试着想挣脱铁链，可是还没成功，它只好闷闷不乐地老实下来。

一次又一次，小象总也挣不脱这根铁链。慢慢地，它不再去试了，它习惯了链子，再看看父母也是一样嘛，好像本来就应该是这个样子。

小象一天天长大了，以它此时的力气，挣断那根小铁链简直不费吹灰之力，可是它从来也想不到这样做。它认为那根链子对它来说，牢不可破，这个强烈的思维定势早已深深地植入它的记忆中了。

一代又一代，马戏团中的大象们就被一根有形的小铁链和一根无形的大铁链拴着，活动在一个固定的小范围中。

有形或无形的链条正在束缚着你，只有从内心深处挣脱它们，才能获得真正的身与心的自由。

换一种思维方式生存

法国著名科学家法伯发现了一种很有趣的虫子，这种虫子都有一种"跟随者"的习性，它们外出觅食或者玩耍，都会跟随在另一只同类的后面，从来不会换一种思维方式，另寻出路。发现这种虫子后，法伯做了一个实验，他花费了很长时间捉了许多这种虫子，然后把它们一只只首尾相连，放在了一个花盆周围，在离花盆不远处放置了一些这种虫子很爱吃的食物。一个小时之后，法伯前去观察，发现虫子一只只不知疲倦地在围绕着花盆转圈。一天之后，法伯再去观察，发现虫子们仍然在一只紧接一只地围绕着花盆疲于奔命。七天之后，法伯去看，发现所有的虫子已经一只只首尾相连地累死在了花盆周围。

后来，法伯在他的实验笔记中写道：这些虫子死不足惜，但如果它们中的一只能够越出雷池半步，换一种思维方式，就能找到自己喜欢吃的食物，命运也会迥然不同，最起码不会饿死在离食物不远的地方。

其实，该换一种思维方式生存的不仅仅是虫子，还有比它们高级得多的人类！

一个非常著名的公司要招聘一名业务经理，丰厚的薪水和各项福利待遇吸引了数百名求职者前来应聘，经过一番初试和复试，剩下了10名求职者。主考官对这10名求职者说："你们回去好好准备一下，一个星期之后，本公司的总裁将亲自面试你们。"一个星期之后，10名作了准备的求职者如约而至。结果，一名其貌不扬的求职者被留用下来，总裁问这名求职者："知道你为什么会被留用吗？"这名求职者老实地回答："不清楚。"总裁说："其实，你不是这10名求职者中最优秀的。他们作了充分的准备，比如时髦的服装、娴熟的面试技巧，但都不像你所做的准备这样务实。你用了一种超常规的方式，对本公司产品的市场情况及别家公司同类产品的情况作了深入的调查与分析，并提交了一份市场调查报告。你没被本公司聘用之前，就做了这么多工作，不用你又用谁呢？"

世上的事情有时就这么简单得让人难以置信：如果你墨守成规，等待你的只有失败；相反，如果你稍微动一下脑筋，对传统的思维方式进行一番创新，就能获得成功。比如，那种具有"跟随者"习性的虫子，为什么就不能动动脑筋，对自己固有的习性进行一下创新——不跟在别人身后漫无目的地奔跑，而像那个其貌不扬的求职者一样换一种思维方式呢？

只有改变看法，才能改变想法

现实生活中，有人会因为失败而跳楼，也有人因为战胜失败而成就一番更大的事业；有人会因为对手强大而畏惧，也有人会因为挑战巨人而使自己快速成为巨人；有人会因为产品卖不出去而抱怨产品，抱怨公司，抱怨顾客，也有人因为产品卖不出去而创新出大受市场欢迎的新产品和新服务；有人会因为受不了上司的严厉而每每跳槽，也有人会因为"严师出高徒"而使自己能胜任更复杂的工作后不断晋升到高位！

对事物的看法，没有绝对的对错之分。但有积极与消极之分，而且每个人都必定要为自己的看法承担最后的结果。消极思维者，对事物永远都会找到消极的解释，并且总能为自己找到抱怨的借口，最终得到了消极的结果。接下来，消极的结果又会逆向强化他消极的情绪，从而又使他成为更加消极的思维者，形成恶性循环……

所有的这一切正如叔本华所言："事物的本身并不影响人，人们只受对事物看法的影响！"即使我们不能改变环境，至少我们可以改变内心的想法和看待事物的态度；我们不可以改变自己的容貌，但可以展现笑容；我们不能控制他人，但可以掌握自己；我们不能预知明天，但可以利用好今天；我们不可能每战每胜，但我们可以尽心尽力……

在美国，一位叫塞尔玛的女士内心愁云密布，生活对于她已是一种煎熬。

为什么呢？因为她随丈夫从军。没想到部队驻扎在沙漠地带，住的是铁皮房，与周围的印第安人、墨西哥人语言不通；当地气温很高，在仙人掌的阴影下都高达华氏125度；更糟的是，后来她丈夫奉命远征，只留下她孤身一人。因此她整天愁眉不展，度日如年。我们能想象她内心的痛苦，就像我们自己也会经常碰到的那样。

怎么办呢？无奈中她只得写信给父母，希望回家。

久盼的回信终于到了，但拆开一看，使她大失所望。父母既没有安慰她几句，也没有说叫她赶快回去。那封信里只是一张薄薄的信纸，上面也只是短短的几行字。

这几行字写的是什么呢？

"两个人从监狱的铁窗往外看，一个看到的是地上的泥土，另一个却看到的是天上的星星。"

她开始非常失望，还有几分生气，怎么父母回的是这样的一封信？但尽管如此，这几行字还是引起了她的兴趣，因为那毕竟是远在故乡的父母对女儿的一份关切。她反复看，反复琢磨，终于有一天，一道闪光从她的脑海里掠过。这闪光仿佛把眼前的黑暗完全照亮了，她惊喜异常，每天紧皱的眉头一下子舒展了开来。

原来这短短的几行字里，她终于发现了自己的问题所在：她过去习惯性地低头看，结果只看到了泥土。但自己为什么不抬头看？抬头看，就能看到天上的星星！我们生活中一定不只是泥土，一定会有星星！自己为什么不抬头去寻找星星，去欣赏星星，去享受星光灿烂的美好世界呢？

她这么想，也开始这么做了。

她开始主动和印第安人、墨西哥人交朋友，结果使她十分惊喜，因为她发现他们都十分好客、热情，慢慢地都成了朋友，朋友们还送给她许多珍贵的陶器和纺织品作礼物；她研究沙漠的仙人掌，一边研究，一边做笔记，发现仙人掌是那么的千姿百态，那样的使人沉醉着迷；她欣赏沙漠的日落日出，她感受沙漠的海市蜃楼，她享受着新生活给她带来的一切。慢慢地她找到了星星，真的感受到星空的灿烂。她发现生活一切都变了，变得使她每天都仿佛沐浴在春光之中，每天都仿佛置身于欢笑之间。后来她回美国后，根据自己这一段真实的内心历程写了一本书，叫《快乐的城堡》，引起了很大的轰动。

大家看，这件事情是不是太有意思了。这位女士前后简直判若两人：一个是无限的痛苦，一个是不尽的快乐；一个是阴雨连绵，一个是阳光灿烂。但对于这位女士来说，她所处的环境并没有改变！我们大家一起再想一想：沙漠变了没有？没有变！铁皮房变了没有？没有变！仙人掌阴影下华氏125度的高温变了没有？没有变！印第安人、墨西哥人变了没有？没有变！这一切都没有变，那变的是什么呢？显然变的是她的内心，是她内心习惯性的思维方式——过去她习惯性地选择看泥土，选择事情的消极一面；后来她习惯性地选择找星星，选择事情的积极一面。大家看，其他什么也没变，变的就那么一点点。但就这么一点小小变化，带来的结果却大相径庭：一个痛苦，一个快乐；一个失败，一个成功。这很像一个叉道，刚开始就那么一点点偏差，但走到后来，差异会如此之大。因此，对这一点我们就要深入开拓，因为这一点太宝贵，太重要了。我们每个人都渴望快乐，而不希望痛苦，都渴望成功，而不希望失败，而这一切却与这一点密切相关。

思维惯性是沉重的包袱

英国一家报纸举办一项高额奖金的有奖征答活动。题目是：在一个充气不足的热气球上，载着3位关系人类兴亡的科学家，热气球即将坠毁，必须丢出一个人减轻载重。3个人中，一位是环保专家，他的研究可拯救无数生命因环境污染而身陷死亡的噩运；一位是原子专家，他有能力防止全球性的原子战争，使地球免遭毁灭；另一位是粮食专家，他能够使不毛之地长出谷物，让数以亿计的人们脱离饥饿。

奖金丰厚，应答信件众说不一。巨额奖金的得主却是一个小男孩，小男孩的答案是——把最胖的科学家丢出去。

这个故事带给人们深刻的启示。有时，复杂的不是问题，而是看问题的眼睛。人们在考虑问题的同时，把自己生平所有积累的经验和知识加了进去，殊不知，这不只是一个人的思维惯性，而且是人的包袱。

自然界里最后能生存下来的物种，并不是那些最强壮的物种，也不是那些最聪明的物种，而是那些最能适应环境变化的物种。

人是惯性的动物，抗拒改变是自然反应，也是必然的过程。不是每一个人都能立即全心全意地接受改变，接受新事物意味着放弃旧东西，意味着改变旧有生活模式。人类天生是拒绝改变的，所以抗拒改变出于人的本能。我们今天用惯了电话，没有电话已经无法正常地工作和生活，要知道贝尔刚发明电话时，人们嘲笑说人是不可能对着一个装满电线的匣子说话的。

如果你只想保持眼前舒适顺畅的生活而毫不思变，很可能是因为习惯了，或害怕失败，反对任何新的尝试。"大家都是这样做的" "我做这一行以来，从没听说过这种事"……一旦自我设限，只会墨守既有规则时，有趣的新组合以及打破规则的创新就永无出头的机会。不管怎样，抗拒改变的心态会牵绊你前进的脚步。

我们都听说过关于青蛙的故事：如果将一只青蛙放到80度的热水中，它会马上跳起来直到逃出热水来拯救自己，但是如果将这只青蛙放到一锅冷水中，青蛙是不会跳跃的，因为这是它喜欢的环境。但是，当我们慢慢给锅加热的时候，就会发现这只青蛙很可能最终被烫死在锅里。因为水温变化太慢，青蛙感觉不到，等到它感觉到必须离开的时候，它已经丧失了生理的机能。

当青蛙被放到80度的热水中的时候，它很快就发现了变化，它知道继续待在这种水里是危险的，是在做错误的事情，必须逃出去才能存活。但当锅里的水由冷水慢慢加热的时候，它没有很快感觉到变化，继续待在那里，即便感觉到了一些微小的变化，它仍然侥幸地认为自己是可以承受这小变化的，于是继续停在锅里，这无疑是做了错误的事情，直到生存的机会完全丧失。

再看看我们人类在这方面的反应吧，有这样一个故事：

一位年轻有为的炮兵军官上任不久，到下属的部队检查炮兵操练的情况。他在几个部队发现相同的情况：在一个操练单位中，总有一位士兵始终站在大炮的炮管下面，一动不动。军官实在想不通怎么回事，就上前询问，得到的回答是：操练条例是这样要求的。军官觉得奇怪，回去查阅条例，终于搞清楚了。

在非机械化时代，是用马车运载大炮到前线的，站在炮管下面位置的士兵的任务是负责拉住马的缰绳，以便在大炮发射后调整由于后座力产生的距离偏差，缩短再次瞄准的时间。现在大炮已经机械化和自动化了，不再需要拉马缰绳了，操练条例却没有及时调整，因此出现了不拉马缰绳的士兵。长期以来，炮兵的操练条例始终坚持着原来那个时代的规则。

其实在我们的生活中，这种"不拉马缰绳的士兵"到处都是，惯性思维真的是前进途中的一个羁绊。

换个角度思考问题

没有一成不变的事物，也没有放之四海而皆准的真理，人们必须变化地去看事物。抱着旧观念、旧框框去看待新情况，必然是行不通的，这样容易在取舍、肯否之间形成"定而不移"之势。唯一可行的解除定势的办法，就是极大地开阔我们的视野，改变我们既有的思维方式，时刻警惕陷入"经验"中去。

有个教徒在祈祷时，烟瘾来了，他问在场的神父，祈祷时可不可以抽烟，神父回答："不行。"另一个教徒也想抽烟。他问神父，在抽烟的时候可不可以祈祷。神父回答："当然可以。"

同样是抽烟加祈祷，要求祈祷时抽烟，那似乎意味着对耶稣的不尊重；而要求抽烟时祈祷，则可以表示在休闲时也想着神的恩典，神父当然没有反对的理由。

我们通常会犯同一个错误——在同一面墙上撞来撞去，直到撞得头破血流。从相反的角度去观察你所要解决的问题，你也许会找到你想要的答案。

两个儿子大了，富翁老了。这些日子以来富翁一直在苦苦思索，到底让哪个儿子继承遗产？富翁百思不得其解。想起自己白手起家的青年时代，他忽然灵机一动，找到了考验他们的好办法。

富翁锁上宅门，把两个儿子带到一百里外的一座城市里，然后给他们出了个难题，谁答得好，就让谁继承遗产。他交给他们一人一串钥匙、一匹快马，看他们谁先回到家，并把宅门打开。

马跑得飞快，所以兄弟两人几乎是同时回到家的。但是面对紧锁的大门，两个人都犯愁了。

哥哥左试右试，苦于无法从那一大串钥匙中找到最合适的那把；弟弟呢，则苦于没有钥匙，因为他刚才光顾了赶路，钥匙不知什么时候掉在了路上。

两个人急得满头大汗。突然，弟弟一拍脑门，有了办法，他找来一块石头，几下子就把锁砸了，他顺利进去了。

自然，继承权落在了弟弟手里。

人生的大门往往是没有钥匙的，在命运的关键时刻，人最需要的不是墨守成规的钥匙，而是一块砸碎障碍的石头！

住在佛罗里达州的一位农夫买下一片农场。买下以后，他觉得非常颓丧。那块地坏得使农夫既不能种水果，也不能养猪，能生长的只有白杨树

及响尾蛇。然而，农夫却想到了一个好主意，要把他所拥有的变作一种资产——他要利用那些响尾蛇。

农夫的做法使每一个人都很吃惊，因为他开始做响尾蛇肉罐头。每年来参观他的响尾蛇农场的游客差不多有两万人，他的生意做得非常大。由他养的响尾蛇中所取出来的蛇毒，运送到各大药厂去做蛇毒的血清；响尾蛇皮以很高的价钱卖出去做女人的鞋子和皮包；装着响尾蛇肉的罐头送到全世界各地的顾客手里。

为了纪念这位先生把"有毒的柠檬"做成了"甜美的柠檬水"，这个村子现在已改名为佛罗里达州响尾蛇村。

事情发生了总会有解决的方法的——换个角度思考问题，通常就会使一些困扰我们的问题迎刃而解。

 "非此即彼"的思维怪圈

公司招聘职员，有一道试题是这样的：

一个狂风暴雨的晚上，你开车经过一个车站，发现有3个人正苦苦地等待公交车的到来：第一个是看上去濒临死亡的老妇，第二个是曾经挽救过你生命的医生，第三个是你的梦中情人。你的汽车只能容得下一位乘客，你选择谁？

每个人的回答都有他的理由：选择老妇，是因为她很快就会死去，我们应该挽救她的生命；选择医生，是因为他曾经救过你的命，现在是你报

答他的最好机会；选择梦中情人，是因为如果错过这个机会，也许就永远找不回她了。

在200个候选人中，最后获聘的一位答案是什么呢？"我把车钥匙交给医生，让他赶紧把老妇送往医院；而我则留下来，陪着我心爱的人一起等候公交车的到来。"

我们常常会被"非此即彼"的思维模式所限，自己"从车上下来"，抛开思维的固有模式，我们可以获得更多。

法国著名女高音歌唱家玛·迪梅普莱有一个美丽的私人园林。每到周末，总会有人到她的园林摘花，拾蘑菇，有的甚至搭起帐篷，在草地上野营野餐，弄得园林一片狼藉，肮脏不堪。

管家曾让人在园林四周围上篱笆，并竖起"私人园林禁止入内"的木牌，但均无济于事，园林依然不断遭践踏、破坏。于是，管家只得向主人请示。

迪梅普莱听了管家的汇报后，让管家做一些大牌子立在各个路口，上面醒目地写明：

如果在林中被毒蛇咬伤，最近的医院距此15公里，驾车约半小时即可到达。

从此，再也没有人闯入她的园林。

"私人园林禁止入内"和"如果在林中被毒蛇咬伤……"有什么不同？——有时成败只在于一个观念的转变。

作家毛姆成名之前，生活清苦。为求文章有价，有一次写完一部小说后，毛姆在报纸上刊登了这样一份征婚启事：

"本人喜欢音乐和运动，是个年轻又有教养的百万富翁，希望能和毛姆小说中女主角完全一样的女性结婚。"

几天之后，毛姆的小说被抢购一空。

应当说，毛姆开了现代畅销书炒作的先河。只不过，今天的这些文人炒作手法比毛姆要差远了。

你穿过牛仔裤吧，可你知道牛仔裤的来历吗？

在美国西部，一个乡下青年要去参加斗牛赛，可他穷得除了一条破裤子，再也没得换了。事先，他曾想借一条裤子，可朋友们说，他要去参加斗牛赛，回来时，好裤子可能又成了破裤子。于是，谁都不肯借给他。

青年只好穿着露了膝盖的破裤子到了赛场。没想到，他竟奇迹般地得了第一。他上台领奖时，破裤子使他很难为情。台下十几名摄影记者却不管不顾地为他拍照，他简直无地自容。

谁想，他的相片被登在报上后，他的破牛仔裤，竟然成了当时许多年轻人效仿的款式。几天之后，大街小巷，到处都是穿着破裤子的青年。这一景象一直流传到今天。

在这个性缺失、模仿成风的年代，所有的人都能弄一条破裤子穿在身上，可英雄的胆略，智者的智慧，成功者的思维他们都能继承吗？

第4章

[挖掘大脑的潜能——潜意识心理学]

　　我们往往谈及意识的作用，却很少谈及潜意识的力量。即使有的人对潜意识有一定的感悟和体察，也往往是停留在浅层次、相对感性的层面上。事实上，潜意识的作用是非常惊人的，能否充分认识和发挥潜意识的力量，乃是影响人生成败的关键因素之一。

潜意识蕴藏着无穷的宝藏

人类大脑中的潜意识，总是不断地在相互碰撞、追逐、扰攘，那里蕴藏着无穷的宝藏，是人类创造性的源泉。如果低估了潜意识的作用，就将阻碍人类社会的进步与发展。几乎所有的发明家、艺术家，都充满了幻想和创造性，他们的成果大都是潜意识作用的结果。

有一次，意大利著名男高音歌唱家卡鲁索在演出前，突然产生了"怯场"现象。他说，由于强烈的恐慌，他的肌肉开始痉挛，喉咙也像是被什么东西给卡住了一样，几乎很难发出声音。

卡鲁索惊恐万状，因为几分钟后，他就得登台演出。他的脊梁骨开始"嗖嗖"的冒冷气，浑身冷汗不止，他说："如果我无法从容地演唱，人们就会嘲笑我，那我不是丢人了吗？"于是，熟知该如何运用潜意识的他，在后台不住地对心中那个作祟的"我"说：你快走开，别干扰我，你快让平时那个正常的"我"回来！你休想阻止我一展歌喉。他所谓的正常状态下的"我"，我们可以把它叫作"大我"，而阻碍他正常发挥，让他恐慌的"我"，我们可以把它叫作"小我"。而所谓的"大我"就是潜意识中所具有的无穷力量与智慧。他不停地大声说："走开，快走开！'大我'需要出场了。"

卡鲁索的潜意识作出了回应，他的体内产生了蓬勃的力量。当幕布开启时，他充满自信地走上台，嗓音刚劲有力，雄浑而满怀激情，让所有在场的观众都被他的声音所吸引。

显然，卡鲁索了解两种思维模式，"大我"与"小我"之间的关系，也就是意识思维即理性思维与潜意识思维的非理性思维。当你意识思维（小我）充满恐惧、忧虑与慌乱时，你的潜意识思维（大我）就会产生消极情感，使你被惊恐、不祥、绝望的情绪所笼罩。如果出现了这样的情形，你也不要惊慌，而要平心静气，尽量保持镇定，并对自己体内的"小我"说，"你赶快闭嘴""我能控制你""你必须服从我，听我指挥""我不允许你干扰我的事情。"

对于意识与潜意识的差异，或许我们可以援引说明：意识思维就如一艘航船的舵手或船长。它指引船只的航向，给船舱内的工作人员下达指令，使后者对于仪表、锅炉以及其他动力设备，进行相应的调控和操作。他们只有在接到指令后，才能了解船只所处的位置和前进的方向。不过，如果得到的指令存在误差或纰漏，那么，船只就可能触礁沉没。

船长是一船之首，他的指令将决定航船的命运。同样的道理，你的意识思维，引导着你的潜意识这艘"航船"的方向。根据你的意识思维所下达的命令，你的潜意识将给出同一性质的回应。

如何开发利用你的潜意识

既然潜意识包括这么多的奥妙，那么我们该如何开发和利用它，以使它得到最大限度的发挥呢？

　　训练开发潜意识无限的"储蓄"和记忆功能，为你的聪明才智奠定更为广阔、雄厚的基础。

　　如果你想建造高楼大厦，就必须先储备好各种各样的建筑材料、装修材料、设计图纸、建筑技能、建筑机械、管理指挥技能等等。同样，如果你要追求成功，就应该不断地学习新的东西，给你的潜意识不断地输入新养料。要想使你的大脑更聪明、更富有智慧、更富于创造性，就必须给潜意识输送更多的相关信息。

　　为了使你的潜意识"储蓄"功能效率更高，可采取一些辅助性的手段，如重要资料的重复输入，重复性学习，增加记忆功能，建立看的见的信息库，分类保存图书、剪报、笔记、现代的电脑软件等，以便协助潜意识，为你创造性思维和其他聪明才智服务。

　　训练对潜意识的控制能力，使它为你的成功服务，而不是把自己的前途导向失败。

　　如上所说，由于潜意识"是非不分"，不管积极的、消极的，还是好的、坏的，它都统统吸收，并且常常跳过意识而直接支配人的行为，或直接形成人的各种心态，所以，在某种意义上，"成"也是潜意识，"败"也是潜意识。因此，你要训练自己，努力开发利用有益的、积极的、有助于成功的潜意识，对可能导致失败的、消极的潜意识，必须加以严格的控制；你应该珍惜潜意识中原有的积极因素，并不断输入新的、健康的信息资料，使积极的、成功的心态占据统治地位，成为最具优势的潜意识，使之成为支配你的行为的直觉性习惯和"超感"意识。对一切消极的、失败的心态和信息进行控制，不要让它干扰你的正常生活，不要让它进入你的潜意识。

　　如果遇到消极信息时，可采取两个办法加以控制：一是立即抑制它，回避它，不要让其"污染"你的大脑思想。对于过去无意中吸收的消极信息，永远也不要提及它，把它遗忘，就让它沉入潜意识的海底好了。二是进行判断性分析，"化腐朽为神奇"。你要用成功的、积极的心态，对它们进行深入分析和评价，化害为利，如同使有毒的草化成肥料一样，把它们变成有益于成功的思想意识。

开发、利用潜意识自动思维创造的智慧性功能，帮助你解决问题，获得创造性灵感。

潜意识蕴藏着人的一生在有意无意间所感知或认知的信息，并且能够将它们自动排列、组合、分类，产生一些新的信念。所以，你可以给它指令，把各种美好的梦想，把你所碰到的难题转变成清晰的指令，经由意识转到潜意识思维中，然后放松自己的身心，等待它给你答案。

很多时候，我们发现，某天你冥思苦想一个问题，就是想不出答案。可是，过了一些日子，或者你睡醒一觉，或者你在洗澡时，从大脑中突然"蹦"出一个答案或者灵感。所以，你要随时随地准备好纸和笔，记下所有转瞬即逝的灵感。

潜意识归纳起来有六大特征：

- 能量巨大；
- 喜欢带有感情色彩的信息；
- 不识真假，唯命是从；
- 易受图像刺激；
- 记忆性差，需强烈刺激或重复刺激；
- 心态放松时，各种信息最容易进入潜意识。

为此，美国著名潜意识专家博恩·崔西提出了用"刺激法"激活潜意识的原则，即：

听觉刺激法——当你在恐慌、害怕、缺乏自信的时候，就大喊几声，这可以使你立即恢复信心和力量。声音的力量可以影响你的信念，为你带来积极的效果。

视觉刺激法——在房间里挂起一块"梦想板"，把自己的目标画成图画，剪下并贴在梦想板上，天天观看。这可以时时刺激你的潜意识，使之帮助你达成梦想。

意向刺激法——利用潜意识"不分真假"的原理，在大脑中引导你所希望的成功场景，从而达到替换你的潜意识中负面思想的目的。通过反复的自我暗示，改变自我意象，可以树立必胜的信念，并使自我产生积极的行动，从而达到你预期的目标。

不要强迫你的潜意识

法国著名心理疗法医师里·库埃曾经说：

"如果你的愿望与想象之间发生冲突，那么后者将会占据主导。"

他还举了一个例子来说明：

倘若你在地上放着的一块木板上行走，那么这对你来说，实在是易如反掌。现在，假如这块木板搭在两堵高墙的墙头之间，离地面足足有20英尺高，那么，你还能够无所畏惧地在上面走吗？你行走于其上的愿望，很容易会被你的想象力——唯恐从上面掉下去这一念头所抵消。于是，你在木板上行走的愿望、意志乃至事实上的行动，在片刻之间就会发生逆转，担心失败了从木板上掉下来的念头很快就占了上风。这样的大脑意识不啻为"自拆台脚"，最终导致的结果是走向愿望的对立面。其潜台词就是：你作出了"无力改变局面"这一自我暗示。这种自我暗示的力量是如此强大，致使潜意识思维受到抑制，潜意识就听命于谁。因此，避免或禁止在祈祷时产生不必要的想象，是你的愿望得以实现的重要前提。

向潜意识说出自己的要求和渴望是必要的，但是完成这一过程，需要你不温不火，全身放松，心态平和地进行，只有这样，潜意识才能自主地工作，并发挥力量。不要过分关注过程之中的细节和手段，重要的是你的心态。不论何时，只要你想要解决的问题得到了解决，你就要记住这种成功后的快感。当你从一场大病中走出，那种难以愉悦的喜悦之情，理应伴随你左右。你要时刻用那些快乐的事情来充满你自己。

运用潜意识思维时，不要使用意志力，不要假定会存在任何对手。你需要做的，就是想象目标已经实现后，你的那种喜悦和高兴的状态。这时，你将会发现，自己的某些"悟性"与"智慧"总想站起来，试图挡住潜意识的前进之路。别去管它，你尽力保持一份单纯而强烈的信念就是了，它终将产生奇迹。

要是潜意识作出有效的回应，一个相当可行的方案，就是运用一切科学的手段，"激活"头脑中的想象力。另外，你也可以诉诸于有效的"祈祷术"。具体的方法是：首先，对你的问题进行分析；其次，把解决问题的任务下达给你的潜意识思维；最后，酝酿情感，对潜意识的能力寄予完全的信任，坚信你的问题一定能够得到解决。在实施祈祷的时候，不要流露出"我希望自己有可能痊愈""但愿一切顺利"等这样的字眼。这种意识的努力是不会起到任何作用的。这样做，只能使潜意识思维产生抗拒心理，从而使你的愿望泡汤。我们的言词要充满无限的权威，充满坚定的力量。我们要对自己说"我一定能够痊愈""我相信一切将很顺利"。

很多人可能都会有这样的经历。参加考试的学生，当他们拿到考卷的时候，经常会发现，原来熟记于心、背得滚瓜烂熟的东西一时都想不起来了。只觉得头脑中一片空白，回想不起任何和考试内容相关的东西。这时，如果你越是想起某些东西，越是和自己较劲，你就越是想不起来。在这种情况下，你最好的选择，就是暂时把它放弃，做那些你可以记住的东西。等到把全部试题都答完了，再回过头考虑刚才想不起来的问题。还有些东西，你真的是在考试时间内难以想出它的答案，可是当你走出考场，心中的压力全都解除了，那些你怎么想也想不出的问题，却神不知鬼不觉地跑了出来。以强迫性意识进行记忆，正是考场的大忌。

对大脑使用强迫性力量，其实是你自己给自己预先设下了对立面。如果你的思维集中于解决问题的方法或过程，那么，它就不会关注于问题本身。对于任意想法、愿望或头脑意象而言，意识与潜意识之间必须达成某种默契。只有两者之间不存在任何的冲突，答案才会出现。所以，为避免愿望和想象之间出现"打仗"的情况，你在进行祈祷时，最好让自己进入意识模糊的状态，比如将要睡着的时候、刚刚起床的时候，这种时候，既有助于排除各种杂念的干扰，又是潜意识思维活动的"高峰期"，潜意识能够老老实实听你的安排。

暗示的力量

暗示是一种心理影响，它通过使用语言、手势、表情等，把某种概念或结论输入一个人的大脑，使之不加考虑地接受某种意见或做某件事情。

1.暗示是怎样产生力量的

心理学家和精神分析学家均指出，一旦某种想法进入潜意识思维中，脑细胞就会获得信息，从而留下相应的痕迹；潜意识思维会就你的一生当中所积累起来的知识和想法进行工作，并产生相应的结果。有心理学家曾经对在催眠状态下的人进行试验，发现一旦人们接受了暗示，潜意识思维就会依据暗示的内容作出相应的回应。比如，心理学家告诉一个正处于催眠状态的人，说他就是美国总统华盛顿，或者说他是一只猫、一条狗的话，那么他的个性特征就会发生暂时性的改变——他相信自己是实验者所说的那个人或者动物。同样的道理，如果某个正处于催眠状态的人被告知说他后背上有条毛毛虫，或者说他鼻子正在流血，或者说他正在一个大冰窖里，那么，他的身体就会作出相应的反应，而对自己的实际情况视而不见。

在一艘行驶在茫茫大海中的航船上，你走近甲板上一个乘客，他看上去一脸紧张。如果这个时候，你对他说："你看上去不大对劲啊，你脸色苍白得可怕！我看你一定是晕船了，快回舱休息吧！"那位乘客听到你的话，果然脸色会变得苍白，甚至浑身发抖。显然，你的"晕船"这一暗示发挥了作用，乘客将这一暗示与他素有的恐慌与不祥之感联系了起来。他会接受你的提议，乖乖回到卧舱里躺下来休息。

当然，对于同样的暗示，不同的人可能会作出不同的反应，因为每个人的潜意识的状态有所不同。就像刚才举的那个例子，如果你对一个正在甲板上站着的水手说："嘿，老兄，你看起来脸色不太好，是不是晕船了。"对于这样一个消极性的暗示，这位经验丰富的水手肯定会当你是在说笑话。你的暗示也根本不会起什么作用。因为，这个水手从来没发生过晕船，那么你的这个晕船的暗示，也就不会给他带来任何恐惧感。所以，暗示能否真正起作用，全在于当事者的信心与想象程度。

2.消极性暗示是潜在的精神杀手

暗示，可以用来训练和控制自我，也可以约束与命令他人。积极性暗示可以给你带来财富和运气，而消极性暗示对于你的思维，却有不同程度的妨碍或者伤害，从而给生活和工作带来无穷的痛苦。其实，大多数人从小开始就接受过消极性暗示。只是不知道该如何摆脱，才使我们在潜意识中，不知不觉地主动接受了这些暗示。

在潜移默化当中，诸如此类的暗示就是你日后生活中的"潜在杀手"。它们将对你的成长产生巨大的影响，不是积极的，而是消极的破坏作用。这些消极暗示，影响着你的日常言行模式，足以使你在个人生活和人际交往中受到挫折。那么，年幼时留存下来的消极性暗示，能不能消除呢？答案是肯定的。只要你通过恰当的自我暗示，你就可以走出以往消极性暗示的阴影，纠正错误的生活方式，走出人生理想的生活轨迹。

随便哪一天，只要你拿起一张报纸，看看里面的新闻，你就会发现，几乎每张报纸中总有一些让人不安的东西，比如哪里出车祸了，哪里发生凶杀案件了……这样的消息在你心中播种的多是恐惧、忧虑和不安。如果你全部接受了这些，那么你头顶上的天空就会布满乌云。所以，你要以健康、积极的自我暗示，让潜意识得到"授意"，驱走头脑中一切悲观而消极的想法。

对于别人给你的消极性暗示，你要定期予以检查。你没有必要被破坏性的外界暗示所影响。在童年和青少年时期，我们已然饱受了各种消极性暗示之苦。追忆过去，父母、朋友、老师、亲戚、同学曾在不同场合、不同程度上施与你大量消极性暗示。你不妨对它们加以分析和研究。你会发现，它们当中的大部分，不过是言过其实，或者以讹传讹。而且，有相当多的暗示，不过是怀着吓唬、威胁乃至控制你的意图。

这种外界的消极性暗示传播场所相当广泛：家庭、办公室、工厂、俱乐部等。你会发现，许多暗示的目的，旨在使你按照对方的意愿进行思考、感受和行动。倘若你乖乖地听命于对方，那么就正好上了别人的当。

对于某些消极性暗示所带来的严重后果，我们可以举例来说明。

一个美国男子去印度旅行，曾请当地一个用"水晶球"占卜的女巫师预测自己命运。那个女巫师说他有严重的心脏病，不久就要离开人世了。这个美国人听到这个消息，绝望之极，非常悲伤、痛苦。他做好了死前的一切准备，包括写好遗嘱。显然，这个女巫师把一种消极性暗示输入了这个美国人头脑中。而美国人对此深信不疑，他也相信那个占卜者掌握着某种神秘的东西，能够给别人带来厄运。这个美国人本来是个健康、充满活力的人，他工作顺利、身体健康、家庭幸福，可是自从听了那个女巫师的话，他的生活全都改变了，他脑中只有一个念头在不断地出现，那就是我就要死去了。果然，正如那个巫师所说，他不久就死了——尽管他至死也不知道，他本人的想法，才是把他送上绝路的原因。这样的例子在生活中并不少见，既让人觉得痛惜，又启迪人们深思。

或许你认为这个例子有些极端，自己不会相信那些愚蠢的东西。但是你千万要小心。不知道你是否有过这样的经历：对于消极性的心理暗示，如果处理不当，就容易使人产生自卑感。比如，有个成绩斐然的企业家，他很想在公众面前演说取得成功，而且他还拥有优美的嗓音，演讲的主题也颇具吸引力。但是，多年来，来自个人与外界的暗示使他相信，他自己并不具有出色的外表和优秀的气质，"是的，我不是一个出色的成功企业人士"，这样的暗示在他心中深深扎了根。所以，强烈的自卑感总是使他难以自然、流畅、声情并茂地演说。

由此可见，每个人都可以受到某种消极性暗示的影响。很多人习惯于从别人那里，不加鉴别地接受某种观点或评价，并通过自己自觉性的努力，不断"印证"别人所说的话，最终使自己相信某种错误观念的真实无误。要想摆脱这种消极的影响，就要从"我不能""我不配"等消极性暗示中清醒过来。

听命并屈服于消极性外界暗示，无异于心甘情愿地饮鸩止渴，自毁前途。而这样的情形，就像罗曼·罗兰在其名作《约翰·克利斯朵夫》中所分析的那样：

"倘若他老听见人家说自己是个有病的孩子，他就会以疾病或幼稚自傲。要是有人敢公然宣称，少年时代有个年龄，因为心灵还没得到平衡，所以才有犯罪、自杀、灵肉堕落的危险，而这些都是可以原谅的，那么立刻会有罪案发生。便是成人，只要你反复不已的和他说你是不能自主的，对方便可以不能自主而听任兽性支配……于是，人类的精力，强烈的生命，原始的本能，信仰，意志，热情，责任，都在这冷风苦雨中，不知不觉地消丧尽了。"

当然，除非你以全部的力量给予密切关注，否则，来自他人的暗示不过是过眼烟云，对你产生不了任何影响。

3.正确运用"自我暗示"

一个刚刚出道的歌手，因被邀请参加某次大型演唱会而事先进行试唱。在这之前，她曾经接到过类似的邀请，但是她去试唱了3次，结果都是因为她紧张，3次均被淘汰。尽管她的嗓音很出众，演唱水平不俗，长相也很好，但她总是担心等到她演唱时，评委会给她亮出最低分。因为她总是担心评委们不喜欢她，虽然自己尽力演唱，但是她总是有这种心理，于是她每次参加试唱的时候就心情焦虑，不知道如何是好。她的潜意识接受了这种消极的自我暗示，并对她的试唱产生了致命的影响，使她屡次遭受挫败。

后来，她听从朋友的意见，来到一家心理诊所，接受治疗。在医师的建议下，她开始运用自我暗示的方法，向恐惧感发起攻击。她把自己关在一个房间里，走到一个带扶手的椅子上，尽量放松心情，让自己的全身都感到很舒适，并慢慢地闭上双眼，均匀的呼吸，逐渐驱走脑中的杂念。这样，她的意识性思维变得驯服了，易于接受自我暗示。她对自己说，"其实，我唱得很好，我很有实力。我可以做到心平气和，非常自信。"按照医生的建议，她每天都重复做这样的练习。一周以后，她就像变了一个人似的，她不再那么焦虑和恐惧，而是沉着和冷静。她不仅在以后的试唱中通过了评委的审查，而且演唱水平也大幅度提高。

还有两个例子：

一位已经75岁高龄的老妇人，总是对自己和他人说："我的记性越来越糟糕了。"这样过了不久，原本记忆力还不错的她，真的开始"糊涂"了，刚刚和她说过的事情，她马上就忘记了。当别人提醒她这件事情刚刚和她说过后，她就会感叹"哎呀，我的记性真的是越来越糟糕了"。她的女儿发现了母亲的这一病态，就把她带到了心理医生那里，接受心理治疗。医生告诉她，只要你每天数次对自己说"其实我的记忆力很好。只要我愿意的话，我可以记住任何事物——它们在我大脑中的痕迹，一天比一天清晰。当我回忆起他们时，它们的痕迹便会生动地呈现出来，就像刚刚发生过的一样。"3周以后，这个老妇人的记忆力恢复了正常。

有个女孩子，平时总是爱发脾气，猜疑心重，家里人都很怕和她说话，稍不留心，可能就会惹来麻烦。这个女孩子很苦恼，她也知道爱发脾气，猜疑心重，不是好事，但是每次她都控制不住自己，事情过后又后悔。后来她接受了医生的建议，经常对自己说："我的脾气其实很好。我每天都充满了快乐，我和我的家人相处得很好，我很爱他们，他们也喜欢我。我关心他们，体贴他们，我身边的人都因为我的存在而感到幸福快乐。我的良好的修养和高雅的气质，深深地感染了他们。"1个月以后，奇迹终于出现了，她成了一个气质优雅，活泼热情的好姑娘。

暗示的力量是无穷的，只要你能够正确运用它，它就会为你的人生带来幸福和快乐。

潜意识的非凡记忆功能

人类的记忆，就像一种生命，有自己独特的性格和秉性，但是大多数人并不了解自己记忆的特点和规律。从某种意义上说，记忆是任何一项创作活动的基础。你自己的个性、思想、潜能以及待人接物的态度，都与记忆力有很大的关联。

但是，需要注意的是，由于你的记忆力与潜意识思维互为影响，所以很多时候，你需要尊重潜意识的"命令"，对自己的记忆内容有所取舍。换句话说，你必须要学会忘掉那些无用的、没有价值的信息。学会遗忘，也是一项很重要的技能。著名哲学家卢梭在《忏悔录》中写道：

"我的记忆很奇特。它对我的帮助，正如我对它的依赖。一旦我把自己想到的东西写于纸页之上，我就把它们忘掉了，而且，我再也写不出一件被我完全忘记的事情。"

作家爱伦坡也指出一个悖论：若是你想忘记什么事，就不妨去做一个不得不做的笔记。由此可见，尽管不可能完全不用笔记和参考工具书，但有意识的记录与整理，似乎与潜意识思维的"本性"格格不入，能使后者降低记忆功能。

在学校里，那些一心一意抄好老师在黑板上写的每一个字，或者一心想把老师说的每一句话都记下来的学生，在理解和记忆本质内容方面，十之八九不如那些信任自己能力的学生。音乐家懂得，那些喜欢看乐谱演奏的人，一旦脱离了乐谱，演奏起来就有非常大的困难。同样，科学研究发现，很多目不识丁的乡下人以及懒得动笔的人，往往比现代社会那些既能读又能写的人记忆力强得多。由此可以推测，读书和写作的艺术，并不是上天事先安排好的。

对于记忆，你要掌握的一个特征就是：成功的记忆原则，仅仅在于掌握意义，而不在于记住字句。你很难十分精确地记住耳闻目睹的各类信息。你所记住的不是别人口中的字句，而是用你自己的语言通过大脑的加工整理，再次表述出来的东西。鉴于此，为了防止"记忆疲劳"，你需要对记忆的内容有透彻、全面的理解，而不是似是而非。唯有如此，你的记忆，才能成为潜意识的营养素，使后者始终处于充满活力、蓄势待发的状态。

下面再教你几招增进记忆的方法。

第一，反复阅读增进记忆。卡尔·马克思，共产主义运动创始人，就是通过这种方法加强记忆的。他不仅要求自己完全理解记忆的内容，而且还经常重读笔记和书中的要点，以便加深和巩固记忆。在他看来，重复是记忆之母。

第二，趣味记忆。潜意识思维喜欢接受有趣的东西，爱因斯坦说，他从未想过有意识地背参考书上的任何内容。实际上，他是把记忆内容的选择权利，交给自己的潜意识来自行决定。

所以在平时的工作和学习中，你要掌握的最起码的一个准则就是"把复杂的东西简单化，让简单的东西习惯化。而习惯的东西，则使你的潜意识有神清气爽的相识之感，这有助于你的自发式记忆。

把潜意识应用到学习语言上来

在全球化席卷世界的今天，学好外语对每个国家的年轻人或者有志者来说，都是一件非常重要的事情。为了让子女学好外语，很多家长不惜重金，聘请家庭教师，甚至在孩子很小的时候，就把他送到国外接受外语培训。

掌握一门外语的意义尚且如此重要，至于那些能够懂得多门语言的人，就尤其难能可贵了。而经验表明，这并非难于登天。语言学家告诉我们，倘若你打算通晓多种语言，就首先应从主要语种下手，其次学习与主要语种密切相关的语种。事实上，你所懂得的语言越多，学习一种新语言的初始困难就越少。

"特洛伊遗址"的发现者——著名考古学家海因瑞奇·施里曼，共精通14种语言。为了顺利从事古文化研究，他不惜一切机会，迅速掌握各种语言。每当他着手学习某种语言时，他就尽可能调动潜意识思维，让自己进入想象的"语境"之下，沉浸于自造的语言氛围中，并尽可能排除母语的干扰。为了达到这一目的，他甚至要求自己以每天20页的速度背诵课文。俄语被公认为是较难掌握的语种之一，但施里曼只用了短短的6周时间，就学会了说地道的俄语。用他自己的话说，"当我进入外语学习状态时，我的头脑就完全被这种语言所占据了。我一开口，就会产生说出它的冲动；我一睁眼，就忍不住要把看到的一切用外语来描述。即便是在睡梦中，我的潜意识也在暗暗帮助我——我做梦时甚至都是在说外语。"

语言学家发现了这样的规律：在任何一种西方语言中，通常只有3 000~5 000个常见交流用语，它们占了全部焦虑词汇的85％。而你接触到其余几千个词汇的可能性，大约只有15％。也就是说，当你精通了5 000个词汇时，你就可以读懂任何文章的90％以上的内容了。而当你继续学习，掌握到1万个词汇时，尽管你的词汇量增长了一倍，但是你的理解力也只能增长5％左右。几乎所有的语言都具有这种"收益递减"的效应，这一点你应该时刻牢记。

教你轻轻松松背单词

著名语言学家希巴特建议：在掌握了基本语法，明白了如何通过字典读懂文章后，应该大量阅读。他还说，最开始，阅读的速度肯定很慢，但是你要尽力加快阅读的速度，不要总是抓住一个词、一个句子不放，个别词句不懂，可以跳过去，通过上下文来猜测它们的意思。同时，你也要尽可能少地查字典，以便提高你猜测词义的能力。你的直觉，你的潜意识，将会使你培养起出色的"语感"，并把最基本的词汇选出来，送入你的"记忆库"。

大多数人在学外语的时候，都认为单词是最难背的，今天记住了，可能过了几天又忘记了。于是他们就抱怨自己的记忆力不好。其实不然，研究表明，人们之所以很难记住单词，就像生活中小孩子得了"厌食症"一样，强迫自己记住晦涩的单词，结果只能使潜意识产生"反感"，使自己的注意力和记忆力处于麻痹状态，在这种状态下记忆单词，效果肯定不会好。

心理学家还发现，潜意识所"看到"的事物，对大脑有着长久的影响，即：无需特别注意，你的大脑也在下意识地接受各种有用信息。日本科学家渡边和他的同事在研究中还发现，对潜意识加以训练，有助于提高人们观察移动的"点"的能力——当某个并不醒目的事物不断出现时，会给大脑中留下深刻的印象。哈佛大学研究视觉功能的科学家们解释说，我们不可能对周围的一切全都全神贯注，不过，如果某种事物从眼前经过，大脑就不自觉地将它们的特征记录下来，这样的学习毫不费力，却非常有效。经过各种实验，科学家们以调动人的潜意识及"自发"的注意力为基础，提出了快捷的、以潜意识学习外语的方法。这种方法的核心，就是让每个人都能迅速沉浸在外语氛围中，忘却学习外语的恐惧。他们提醒学习者不要特别关注外语词汇，尽力让精神放松，再放松，最终让潜意识兴奋起来。他们训练读者从整体上辨认外语词汇的能力，逐步使单词在印象中形成一个"整体符号"。这样，在看到一个单词时，无需拼、读，就能一样反映出它的词义——如同阅读母语一样，不必仔细看它的笔画、部首、结构，就可以一目十行，迅速了解全文的主要意思。

快速阅读法

阅读的意义毋庸多言，在前面我们已经讲过阅读有助于记忆。那么如何才能加快阅读速度，而又不影响阅读的质量呢？

对于世界上所有印刷出来的东西，不可能把它全部看完。即使你每天可以阅读500页，在一生当中，你也不可能阅读3 000本以上的书。但是，很多时候，你的工作或者学习，需要读比3 000本更多的书，这看起来简直不可能，但是在这个高速运转的信息时代，这就是时代对你提出的要求。所以，快速阅读成了当今每个人都需要掌握的一项基本技能。

快速阅读能力，需要有清晰的头脑、高度的注意力和捕捉关键信息的能力。在历史上，拿破仑的快速阅读能力，曾使同时代的人惊奇不已——他一分钟能浏览2 000字。而巴尔扎克能在半小时内轻松阅读一本小说。列宁在读书时，看上去不是逐行地阅读，而是一页一页地翻阅，并以惊人的准确性，记忆和掌握书中的精髓。一段时间之后，他还能凭借记忆，准确地引用其中一些句子和段落。

现在，就教你几招快速阅读的方法。

首先，你必须学会：

第一，从上向下移动你的眼睛，而不是从左到右。

第二，看一组词而非一两个词，这才是合理的阅读方式。

第三，尽可能避免为重读某个词语或句子而中途停下。这会使你的注意力更集中，直到抓住内容的核心和要点。

其次，不要读书的时候读出声音，这种习惯会妨碍你的快速阅读。这种习惯的特点是，看到文字先发出声音，再根据声音在人脑中唤起意义。由于多了一个发音环节，等于多走了一段弯路。正确的阅读，应该是看到文字，便直接在大脑中唤起意义。这种阅读方式的速度，会大大快于那种读出声音的方式。有人阅读时习惯于逐个辨认每一个字，再循环合成词语和句子，从而理解其意义。这也会影响阅读速度。正确的习惯应该是阅读时，采取"整体认知"的方式，即一次辨认一个词组，甚至是一个句子，从整体上理解它的意思。要加快阅读的速度，就要改掉逐字辨认的习惯，通过练习，逐步养成整体辨认和理解意义的好习惯。

潜意识思维：延缓衰老的进程

人到了一定的年龄，就会不自觉地期待"老之将至"。传统的观念认为，人一到70岁左右就开始变得衰老，并且无所作为。但是，在更为开化与文明的未来，我们可以把70岁视为"中年"。最近的一项科学研究发现，有的人属于"青年型"，而有的人属于"老年型"。两者的区别在于，前者到了40岁以上时，仍然觉得自己尚且年轻；而后者在此年龄段时，便自觉已登"中年"，青春不在。

你的潜意识思维永远不会老，它全身无时无刻不在洋溢着活力。同样，人的精神层面的品质力量，人的一切嘉言懿行，人的善良、谦逊、宁静、挚爱、和谐、忍耐等诸多品质，总能使你朝气蓬勃。它们能使你永葆青春活力，一往无前。

美国俄亥俄州立大学医学院的专家们曾撰文说，人的体质与容颜的衰老，并非只是年龄不断增长的原因。对于年龄的恐惧，更容易使身心出现提早衰老的迹象。倘若你阅读过各类名人传记便会发现，他们即便在高龄时期，也往往坚持各项运动，并取得了相当大的成就。同样，许多默默无闻的凡夫俗子，也丝毫不因日臻年长而焦虑和痛苦。他们始终热爱运动，葆有一颗童心，以及拥有乐观、开朗的品质。他们的精神总是那样年轻，而他们身心的创造力也似乎不减分毫。

永远不要停止工作，如果你对自己说"我已经退休了，我老得不中用了。"那么，你就是主动放弃，这无异于人生的第二次死亡。有的人在30岁时已届入老年，而有的人在80岁时依然年轻。对于身心健康与个人形象而言，你的大脑、你的思维，是起着核心作用的"设计大师"。英国剧作家萧伯纳在90岁时，创造性思维依然非常活跃，并自信有着"当代人中最清醒的头脑"。他的剧本睿智迭现，他在生活中也是幽默潇洒，风趣独到，从而成为世界文坛名副其实的"常青树"。

相反，相当多的人却过于惧怕长大、变老。随着年龄的增加，他们相信大脑与身体的活力会渐渐流失殆尽。这种心态，只能使之快速地落入早衰的境地。一个人的确易于老化，假如他失去生活的兴趣，不再幻想，不再追求新的事物、征服新的生活目标的话。如果你的思维乐于面对新思想、新理念；如果你能够拉开窗帘，让生活赋予的清新而迷人的灵性之光照彻全身的话，你就会变得年轻、有活力，充满激情。

不同的心理预期，使潜意识思维产生相应的创造性机制。在一定年龄时，人们开始下意识地疏于锻炼，从而使身体各处的柔韧性和灵活性大大丧失。缺少体力锻炼，会使人体的毛细血管收缩，并最终失去作用。在人体内，毛细血管是废弃的"人体垃圾"的出路。倘若缺乏一般性活动乃至较为激烈的运动锻炼，最终将使毛细血管变得干涸，滞塞。

不仅仅体力活动是生命力的重要特征，脑力活动同样如此。这正是科学家、发明家、画家、作家、哲学家不但寿命要长于普通人，而且能更长久地保持创造力的原因。例如：

米开朗基罗年逾80岁时，完成了生平最杰出的几部作品；歌德在80岁以后，写出了不朽的巨著《浮士德》；爱迪生到了90岁仍有发明创造。

"我们之所以年老，不是因为年龄，而是因为我们对年龄增长的情感和态度。"心理学家哈契内克说。他评论说，孀居使某些妇女提前衰老，却不会使那些不断追求幸福组建新家庭，或忙于某项事业的妇女提早衰老。因此，尽管她们年龄不小，却仍旧光彩照人。所以，信心、勇气、兴趣，给能人带来新的特征，也是延缓衰老的原因。

在退休后，许多人的健康立刻每况愈下。这并不是退休本身所致，而是因为退休的人脱离了生活。一无所有和被社会淘汰的感觉，使之丧失了绝大部分的自尊、勇气和自信。50年以前，心理学家以为人在25岁时，人的潜意识能量便达到顶峰，从此开始逐渐下降。但最近的发现却是，人在35岁左右达到智能的顶峰，然后将这个水平一直维持到70岁以上。

自我设限

科学家做过一个有趣的实验：

他们把跳蚤放在桌子上，一拍桌子，跳蚤迅即跳起，跳起高度均在其身高的100倍以上，堪称世界上跳得最高的动物！

然后科学家在跳蚤的头上罩了一个玻璃罩，再让它跳；这一次跳蚤碰到了玻璃罩。连续多次以后，跳蚤改变了起跳高度以适应环境，每次跳跃总保持在罩顶以下高度。接下来逐渐改变玻璃罩的高度，跳蚤都在碰壁后主动改变自己的高度。

最后，玻璃罩接近桌面，这时跳蚤已经无法再跳了。科学家于是把玻璃罩打开，再拍桌子，跳蚤仍然不会跳，变成"爬蚤"了。

跳蚤变成"爬蚤"，并非它已经丧失了跳跃的能力，而是由于一次次受挫折学乖了，习惯了，麻木了。

最可悲之处在于，实际上的玻璃罩已经不存在，而跳蚤却连"再试一

次"的勇气都没有。玻璃罩已经在潜意识里，罩在了跳蚤的心灵上了，跳蚤行动的欲望和潜能被自己扼杀！科学家把个中现象叫作"自我设限"。

在我们每个人的生命中，都会面临许多害怕做不到的时刻，因而划地自限，使无限的潜能只能化为有限的成就。你可能一直认为你现在的一切都是命中注定的，现实的一切不可超越。不管你持有此观点的时间多长，你都是错的。你可以通过改变自己的态度和习惯来改进自己的生活。

许多人其实应该更为成功，但我们在生活中失去很多，因为我们会安于现状，这比我们能取得的一切少得多。

人们常常在自己生活的周围筑起界限，要么就生活在别人强加给他们的局限里。这些局限有些是家人朋友强加的，有些是自己强加的。很多人给自己套上限制，认为在一生中不会超过父母，认为自己反应迟钝，认为缺乏别人拥有的潜能和精力，那么无疑就实现不了一些目标。

有个农夫展出一个形同水瓶的南瓜，参观的人见了都啧啧称奇，追问是用什么方法种的。农夫解释说："当南瓜拇指般大小的时候，我便用水瓶罩着它，一旦它把瓶口的空间占满，便停止生长了。"

人也是这样，自我设限，就是把自己关在心中的樊笼，就像水瓶罩住的南瓜一样，等于是放弃给自己成长的机会，成长当然有限。

有这样一位男士，他与妻子相处存在许多问题，妻子经常抱怨他自私、不负责任，从来都没有关心过她。有人问他："为什么你不好好跟妻子沟通？"他回答："我的本性就是这样。没办法，我就是大男人。"这位男士对他行为的解释，是他的自我定义。这源自于过去他一直如此，其实他在说："我在这方面已经定型了，我要继续成为长久以来的那个样子。"人生若保持这种态度，根本就是在扼杀可能的机会，从而给自己留下永远无可改变的问题。

标定自己是何种人——"我一向都是这样，那就是我的本性"，这种态度会加强你的惰性，阻碍成长。因为我们容易把"自我描述"当作自己不求改变的辩护理由；更重要的是，它帮助你固持一个荒谬的观念：如果做不好，就不要做。

一旦你标定了自我是什么样的人，你就是否认自我。一个人必须去遵守标签上的自我定义时，自我就不存在了。他们不去向这些借口以及其背后的自毁性想法挑战，却只是接收它们，承认自己一直是如此，终将带来自毁。

一个人，描述自己比改变自己容易多了。无论什么时候你要逃避某些事情，或者掩饰人格上的缺陷，总可以用"我一直这样"来为自己辩解。事实上，这些定义用了多次以后，经由心智进入潜意识，你也开始相信自己就是这样，到那时候，你似乎定了型，以后的日子好像注定就是这个样子了。无论何时，你一旦出现那些"逃避"的用语，马上大声纠正自己。

把"那就是我"改成"那是以前的我"；

把"我没办法"改成"如果我努力，我就能改变"；

把"那是我的本性"改成"以前那是我的本性"。

任何妨碍成长的"我怎样怎样"，均可改为"我选择怎样怎样"。不要做一个困兽，要冲出自制的樊笼，做一个真正的自我，发挥自己的潜能，才会成为真正的自己。

第5章

[每天给自己一点正能量——情绪心理学]

情绪变化是心理变化的直接体现，要想获得稳定的心理素质，就必须学会如何掌握情绪。

什么是情绪

情绪可以定义为："任何心理、感觉、感情的机动或骚动；泛指所有激烈或兴奋的心理状态。"

情绪的表现可分为几方面：

- 生理变化，如血流加速、心跳加快、呼吸加快……

- 主观感觉，如感觉不舒服等；表情，眉头紧皱、嘴角下垂、拳头紧握、肌肉紧绷……

- 行为冲动，如打人、摔东西……

情绪的主要特征有：无所谓对错，常常是短暂的，会推动行为，易夸大其辞，可以累积，也可以经疏导而加速消散。

人类拥有数百种情绪。它们或泾渭分明，如爱恨对立；或相互渗透，如悲愤、悲痛中有愤恨或愤怒中夹杂惨痛；或大同小异的情绪彼此混杂，十分微妙，往往只可意会，难以言传。在纷繁复杂、波谲云诡的情绪面前，语言实在是有点苍白无力。

情绪可以作如下的扼要分类：

- 愤怒。如愤慨、苦恼、烦恼、烦躁、忿恨、怨恨、仇恨、狂怒、激怒、恼怒、刻毒、敌视，走到极端则是恨之入骨与暴力。

- 悲哀。如多愁善感、自怜、寂寞、沮丧、悲伤、难过、阴郁、忧郁、绝望，到极点则是严重抑郁。

- 恐惧。如忧虑、忧愁、紧张、疑虑、急躁、警觉、慌乱、焦虑、坐立不安、畏惧、恐怖，直至病态的恐惧症、恐慌症、恐怖症。

- 快乐。如自豪、兴奋、欣喜、幸福、喜悦、欢乐、放松、狂喜、逍遥自在、欢天喜地、感官快乐、心满意足、怡然自得、随心所欲、欣喜若狂，以致极端的躁狂。

- 爱。如敬老爱幼、寸草春晖、情真意切、痴迷眷恋、亲密无间、一见倾心、心心相印、肝胆相照、生死与共、忠心耿耿、相濡以沫、无私关怀、敬重仰慕、温情脉脉、情投意合、舐犊之情。

- 惊奇。如奇怪、惊讶、惊异、震惊等。

- 厌恶。如藐视、轻蔑、鄙弃、憎恶、反感、讨厌等。

- 羞耻。如窘困、屈辱、内疚、悔悟、懊恼、懊悔、羞愧等。

上述的分类当然不是绝对和全面的。比如嫉妒就很难说属于哪一种，因为它是愤怒混合着悲伤与恐惧的情绪；希望、信念、勇气、宽恕、自信、沉着等美德也难归类；自满、懒惰、疑神疑鬼、麻木、无聊等缺点也是如此。

另外，还有人认为人类有四种基本情绪：恐惧、愤怒、悲哀和快乐，人的其他情绪都是这四种基本情绪的混杂。

人的心理促生情绪

任何心理、感觉、感情的机动或骚动都会引起情绪的波动，那么，决定情绪发生和变化的因素到底有哪些呢？

1.决定情绪发生的关键因素是认知评价

认知评价受一个人的知识经验、思想方法、信念和价值观等的影响。认知评价是决定情绪发生的关键因素。比如，不能辩证认知评价的人，在受到挫折时往往只看到失败一面，而产生悲观情绪；能够辩证认知评价的人，在遇到挫折时，会以"失败是成功之母"激励自己，而不致产生消极情绪。

关于认知评价对情绪发生的重要性，一位心理学家曾做了一个著名的实验。他把实验对象分成两组，都给他们注射肾上腺素。肾上腺素能使人体出现血压升高、心跳加快、呼吸加快、脸面变红等症状，对正常人不利。然后让这两组人同时依次经过令人非常高兴的和令人非常愤怒的两个特别环境。但告知其中一组刚才注射的是维生素，告知另外一组真实情况。结果发现，经过上述特殊环境时，被告知真实情况的一组人情绪更稳定。为什么会这样呢？这位心理学家分析说，被告知打了维生素的人在认知上无准备，易受环境影响而表现出较强的高兴或愤怒的情绪；而被告知打了肾上腺素的人有所准备，会有意识控制自己，不要让自己太高兴或太愤怒，所以情绪状态比前者稳定。

2.决定情绪的主要因素是事物与人的需要的关系

事物本身并不直接决定一个人的情绪，而必须通过人的需要等主观中介，所以情绪可以说是人与事物之间的某种关系的反映。事物与需要的关系既决定了情绪的积极或消极，又决定了情绪的种类及程度。举个例子，你在商场看上了一条项链，想买下来，可价格太高，使你不能如愿而产生失望、沮丧甚至愤怒的消极情绪。可这不能怪项链，要怪只能怪你对它的需要，你若不想买它怎么会烦恼呢？如果价格比你的支付能力高一点或者你不是很需要，你的消极情绪可能会轻一些，因为努力一点就可以买到或者不要也无所谓；如果高出许多而你又喜欢得不得了，你的消极情绪就会重一些，因为如愿的可能性很小。

3.决定情绪的另一重要因素是事物与人的预期的关系

所谓预期，是指一个人根据自己的经验、习惯对客观事物作出的估量。人的预期是不断变化的，可能被人充分意识到而表现为有意识的估量，也可能未被充分意识到而表现为潜意识的估量。

一般地，客观事物超出人的预期越大，它满足个体需要与否所引起的情绪也越强烈；反之，则越微弱。也就是说，事物与人的预期之间的关系决定着情绪发生的强度。另外，这种关系会决定情绪的种类，尤其是惊奇一类的情绪。当客观事物超出预期达到一定程度时，人就会发生惊奇情绪，并可根据不同的超出程度，区分出从新鲜感、新奇感，到惊讶、惊愕，直至震惊、惊厥等一系列不同强度的惊奇情绪。

情绪影响人的心理

研究表明，强烈的情绪反应会骤然阻断人们的正常思维，持久而炽热的情绪则能激发人们无限的潜能去完成某些工作。这几乎是显而易见的，生活中你一定会有这样的体验：在情绪好、心情爽的时候，思路开阔、思维敏捷，学习和工作效率高；而在情绪低沉、心情抑郁的时候，则思路阻塞、操作迟缓，学习工作效率低。也就是说，情绪会左右人的认知和行为，具体表现在如下几方面。

1.情绪影响人的心理动机

情绪能够影响人的心理动机，可以激励人的行为，改变人的行为效率。积极的情绪可以提高人们的行为效率，加强心理动机；消极的情绪则会阻碍降低人的行为效率，减弱心理动机。一定的情绪兴奋度能使人的身心处于最佳活动状态，发挥最高的行为效率。这个最佳兴奋度因人而异。

2.情绪影响人的智力活动

情绪对人的记忆和思维活动有明显的影响。例如，人们往往更容易记住那些自己喜欢的事物，而对不喜欢的事物记起来则比较吃力；人在高兴时思维会很敏捷，思路也很开阔，而悲观抑郁时会感到思维迟钝。

3.情绪影响人际信息交流

情绪不仅仅存在于一个人的内心，它还可以在人与人之间进行传递，而成为人际信息交流的一种重要形式和手段。

人的情绪通常伴有一定的外部表现，主要有面部表情、身体动作和言语声调变化三种形式。比如，人们高兴时眉开眼笑，手舞足蹈，讲起话来神采飞扬；发怒时横眉立目，握紧拳头，大声吼叫；悲哀、悔恨、失望时则语言哽咽、顿足捶胸、垂头丧气……所有这一切都是一种具有特定意义的信号，可以传达给别人并引起他人的反馈。人们通过细微甚至难以觉察的情绪信号来彼此传递和获取信息——这种信息有时是难以用言语来直接表达的——并在此基础上进行下一步的交流。

处理不良情绪的方法

一名初涉歌坛的歌手，他满怀信心地把自制的录音带寄给某位知名制作人。然后，他就日夜守候在电话机旁等候回音。

第一天，他因为满怀期望，所以情绪极好，逢人就大谈抱负。第十七天，他因为情况不明，所以情绪起伏，胡乱骂人。第三十七天，他因为前程未卜，所以情绪低落，闷不吭声。第五十七天，他因为期望落空，所以情绪坏透，拿起电话就骂人。没想到电话正是那位知名制作人打来的。他为此而毁了期望，自断了前程。

我们在为这名歌手深深惋惜的同时，也更深刻地明白了不良情绪带给人的危害。

美国得克萨斯州立大学的史密斯教授，曾经针对受测者情绪的变化及其个人的生理心理状态做了一个实验。他在实验报告中指出：一般人的情绪如果处于焦虑、愤怒、恐惧的情况下，会有一种来自脑下腺的激素肾上腺皮质激素，分泌出来刺激肾上腺，因而影响受测者的生理状态。在这种情况下，受测者极易产生心跳加速、口干、胃部胀痛等生理现象。这种情形如果持续进行，就容易引起心脏病、高血压或胃溃疡等后遗症。

管理自己的情绪，不但有益身心健康，提高自我功能，又能使自己的工作效能提高。这是心理学大师告诉我们的——管理情绪，首先要从处理不当情绪开始，主要包括化解愤怒、缓和性急、消除紧张、革除悲观、排遣厌倦五个领域。

1.如何化解愤怒

• 是什么引发了我们的不良情绪：挫折、太累、被批评，伤到我们自尊，而愤怒令我们失去理智、引发冲突、作出错误决定。处理愤怒（冲突）的基本原则就是"stop→think→do"（停止→思考→做）。你不妨使用纸笔，写下以下的问与答：我现在碰到什么难题？我正在或正想做什么？这样做有益吗？我真正想要做的是什么？我该怎么做？

• 不良情绪宣泄法：我们的行为一定要对事不对人；说出自己的感受，而不是批评对方；注意时机的适当性；要把握恰当的语言及肢体语言。另外要注重向适当可靠的人倾诉。

- 搁置法：告诉自己，改天再谈；暂时放下它；把不良情绪关在门外。

2.如何缓和性急

性急就是压力的表现，也是情绪不稳定的表征。性急的人容易使自己的健康受损，也会失去定力，失去理智。在生活中稍不如意都可以让我们心乱如麻，以致不屑与人交谈，或者对一般的生活情趣觉得难耐，或者对未完成的事局促难安；还有些人好争强斗胜，却输不起，易激怒。

消除性急的方法：给自己多一点时间，或割舍行程表中部分项目；向自己低语（别急，安抚心里头毛躁的孩子）；哼一首曲子或休息一会儿。这些都有利于你让自己的心平静下来。

3.如何消除紧张

我们的紧张来自忙碌、竞争、工作效率。紧张时身体会出现异常反应：肌肉绷紧，手心发汗、血液化学平衡失调。因此要注意你的整体身心作用：你的行动、思想、感受、身体反应在交互作用影响，使紧张扩及你的身心和情绪表现。当你紧张时，你可以通过这样的方法改善自己的心理：净化法——静坐；运动法——松弛技术。

4.如何革除悲观

事实上我们的悲观是由不当的思考习惯所造成。碰到挫折，能区别思考的人，表现乐观，不能区别思考的人则表现悲观。

面对挫折时：乐观者认为那是暂时的、特定的、外在的原因；而悲观者则认为那是永久的、一般的、内在的原因。面对顺境时，乐观者与悲观者的思考模式正好相反。乐观者如有隔仓的船；悲观者如没有隔仓的船，容易在受训时因不停地进水而沉没。

要时时在心里提醒自己，要乐观一点看问题，凡事都有它积极的一面，找到事物中对你有益或者有所启发的东西。

5.如何排遣厌倦

长期承受压力使我们产生厌倦。你可以改变自己的环境，改变自己的观念，保持一个好心情。

空虚也可使我们产生厌倦。应该拟订新目标或新的蓝图，或从事物中看出新的意义，跟积极的朋友交往，保持温暖的人际关系。

转移你的情绪注意力

在20世纪60年代的美国，有一位很有才华、曾经做过大学校长的人，准备竞选美国中西部某州的议会议员。此人资历很高，又精明能干、博学多识，看起来很有希望赢得选举的胜利。但是，在选举的中期，有一个小谣言散布开来：三四年前，在该州首府举行的一次教育大会中，他跟一位年轻女教师"有那么一点暧昧的行为"。

这实在是一个弥天大谎，这位候选人对此感到非常愤怒，并尽力想要为自己辩解。由于按捺不住对这一恶毒谣言的怒火，在以后的每一次集会中，他都要站起来极力澄清事实，证明自己的清白。其实，大部分的选民根本没有听到过这件事，但是，现在人们却越来越相信有那么一回事，真是越抹越黑。公众们振振有词地反问："如果他真是无辜的，他为什么要百般地为自己狡辩呢？"如此火上加油，这位候选人的情绪变得更坏，也更加气急败坏、声嘶力竭地在各种场合下为自己洗刷，谴责谣言的传播。然而，这却更使人们对谣言信以为真。最悲哀的是，连他的太太也开始转而相信谣言，夫妻之间的亲密关系被破坏殆尽。

最后他失败了，从此一蹶不振。

人们在生活中有时会遇到恶意的指控、陷害，经常会遇到种种不尽如人意之事。有的人会因此大动肝火，结果把事情搞得越来越糟，就像这位议员一样。

当你因不愉快的事而情绪不佳时，你不妨试试转移自己的情绪注意力，不要在不愉快的事情上纠缠不休，陷入失败的泥沼。

1.积极参加社会交往活动，培养社交兴趣

人是社会的一员，必须生活在社会群体之中，一个人要逐渐学会理解和关心别人，一旦主动爱别人的能力提高了，就会感到生活在充满爱的世界里。如果一个人有许多知心朋友，可以取得更多的社会支持。更重要的是可以感受到充足的社会安全感、信任感和激励感，从而增强生活、学习和工作的信心和力量，最大限度地减少心理应激和心理危机感。

一个离群索居、孤芳自赏、生活在社会群体之外的人，是不可能获得心理健康的。随着核心家庭的增多，来自家庭的社会支持减少，因此走出家庭，扩大社会交往显得更有实际意义。

多取得身边资源。经理可以多找部属聊，同事之间也可互相讨论，激发出一个可执行的方案，执行时大家都有参与感。执行方案因为已纳入所有工作者的智慧，个人会有值得存在的价值感，减少不必要的失落。

2.多找朋友倾诉，以疏泄郁闷情绪

生活和工作中难免会遇到令人不愉快和烦闷的事情，如果有好友听您诉说苦闷，那么压抑的心境就可能得到缓解或减轻，失去平衡的心理可以恢复正常，并且得到来自朋友的情感支持和理解，获得新的思考，增强战胜困难的信心。

还可向自然环境转移，郊游、爬山、游泳或在无人处高声叫喊、痛骂等。也可积极参加各种活动，尤其是将自己的情感以艺术的手段表达出来。

3.重视家庭生活，营造一个温馨和谐的家

家庭可以说是整个生活的基础，温暖和谐的家是家庭成员快乐的源泉，事业成功的保证。在此环境下成长的孩子，也利于其人格的发展。如果夫妻不和、吵架，将会极大破坏家庭气氛，影响夫妻的感情及其心理健

康，而且也会极大地影响孩子的心灵。可以说不和谐的家庭经常制造心灵的不安与污染，对孩子的教育很不利。

理想的健康家庭模式，应该是所有成员都能轻松表达意见，相互讨论和协商，共同处理问题，相互供给情感上的支持，团结一致应付困难。每个人都应注重建立维持一个健全的家庭。社会可以说是个大家庭，一个人如果能很好地适应家庭中的人际关系，也可以很好地在社会中生存。

人生中最有力量的10种好情绪

情绪和励志大师安东尼·罗宾指出人生中最有力量的10种好情绪，是我们必需的。

1.爱与温情

任何负面的情绪在与爱接触后，就如冰雪遇上了阳光，很容易消融。如果现在有个人跟你发脾气，你只要始终对他施以爱心及温情，最终他将会改变先前的情绪。

福克斯说得好，只要你有足够的爱心，就可以成为全世界最有影响力的人。

2.感恩

一切情绪之中最有威力的便是爱心，但它以不同的面貌呈现出来。感恩也是一种爱，因而安东尼·罗宾喜欢通过思想或行动，生动表达出自己的感恩之情，同时也好好珍惜上天赐给他的、人们给予他的、人生经历的一切。如果我们时常心存感恩，人生就会过得再快乐不过。因此，请好好经营你那值得经营的人生，让它充满芬芳。

3.好奇心

如果你真心希望你的人生能不断成长，那么就得有像孩童般的好奇心。孩童是最懂得欣赏"神奇"了，因为那些神奇，能占据孩童的心灵。如果你不希望人生过得那么乏味，那就生活中多带些好奇心；如果你有好奇心，那么便会发现生活中处处都有奥妙之处，你就能更好地发挥潜能。这是个环环相扣的道理，你有必要好好去研究。因此，如果好好发挥你的好奇心，那么人生便是永无止境的学习过程，其中全是发现"神奇"的喜悦。

4.振奋与热情

如果做任何事情带着振奋与热情，它就会变得多姿多彩，因为它们能把困难化为机会。热情具有伟大的力量，鼓动我们以更快的节奏迈向人生的目标。19世纪英国著名首相狄斯累利曾就过这样的话：

"一个人要想成为伟人，唯一的途径便是做任何事都得抱着热情。"

我们要如何才会有热情呢？就跟要如何才会有爱、有温情、有感恩和好奇心一样，只要我们决定想热情！你可以运用表情：讲话要有力、看事情要远、以无比的决心去追求期望的目标。可千万别想浑浑噩噩过日子，不仅生活会过得很乏味，人生也必然贫瘠。

5.毅力

你若是想在这个世界留下值得让人怀念的事迹，那就非得有毅力不可。毅力能够决定我们在面对困难、失败、诱惑时的态度，看看我们是倒下去了还是屹立不动。如果你想减轻体重、如果你想重振事业、如果你想把任何事做到底，单单靠"一时的热劲"是不成的，你一定得具备毅力方能成事，那是你产生行动的动力源头，能把你推向任何想追求的目标。具备毅力的人，他的行动必然前后一致，不达目标绝不罢休。

安东尼·罗宾认为，只要你有毅力，就能够做成任何大事；反之，缺了毅力，你就注定失败和失望。一个人之所以敢于冒险去做任何事情，凭的就是他们的勇气，而勇气则源生于毅力。一个人做事的态度是勇往直前还是半途而废，就看他们是否时常练习他的毅力"情绪肌肉"。埋着头硬干不表示就是有毅力，必得能察看出实际情况的变化，并不失时机地改变自己的做法。试问，如果你只要走两步路便能找到出口，难道非得把墙打个洞才能出去吗？

6.弹性

要保证任何一件事能够成功，保持弹性的做事方法绝不可少。要你选择弹性，其实也就是要你选择快乐。在每个人的人生中，都必然会遇到诸多无法控制的事情，然而只要你的想法行动能保持弹性，那么人生就能永保成功，更别提生活会过得多快乐了。芦苇就是能弯下身，所以才能在狂风肆虐下生存，而榆树就是想一直挺着腰杆，结果被狂风吹折。

7.信心

不轻易动摇的信心是我们每个人所向往的，如果你想一直都有信心，那么你一定要打从心里建立起"有信心"的信念。你得从此刻便开始学习想象并感受那份信心，相信自己有资格取得，但这不可能是白日梦，有一天会平白无故地冒出来。当你有信心，就要敢于去尝试、敢于去冒险。要想建立信心有个办法，那就是不断练习去使用它。如果有人问你是否有信心能把鞋带系好？相信你会以十足信心回答说没问题，为什么你敢说得那么肯定？只因为你做过这件事情已经成千上万次了。同样的道理，如果你能不断从各方面练习自己的信心，迟早有一天你会发现，不知何时信心已在那里。

要想使自己能做各样的事情，你一定得去训练你的信心，千万不可害怕。很可惜的是，有许多人就因为害怕而不敢去做，甚至根本还没做就已经退缩了。许多成大事、立大业的人，他们成功的根本原因就在于所拥有的信心，想想看，在他们之前可能还没任何可以借鉴的例子呢！可以说是信心推动着人类不断向前。

8.快乐

要想快乐，并不是要你不去理会所面对的困难，而是要知道学会如何保持快乐的心情，那样就有可能改变你生活中的许多事情。

9.服务

某天午夜时分，安东尼·罗宾驾车在高速公路上飞驰，心中想着："我得怎样做才能改变人生？"突然有个念头闪过脑际，罗宾如大梦初醒，兴奋得难以自持，随即把车开下交通道并停在路边，在笔记上写下了这句话："生活的秘诀就在于给予。"

作为这个社会的一份子，如果我们所说的话或所做的事，不仅能丰富自己的人生，同时还可以帮助别人，那种心情是再令人兴奋不过了。常常我们会被那些为了追求人生最高价值之人的故事所感动，他们无条件地去关心人们，带给人们极大的帮助。每天我们都应该好好反思，到底能为别人做些什么事，别只想到自己的好处。

一个能够不断地独善其身并兼善天下的人，必然是因为他明白人生的意义，那种意义不是金钱、名誉、夸奖所能比的。拥有服务精神的人生是无价的，如果人人都效法，这个世界定然会比今天更美好。

10.活力

充满活力是很重要的，如果你不能好好照顾自己的身体，那就很难享受到拥有它的快乐。你要经常注意自己是否活力充沛，因为一切情绪都来自你的身体，如果你觉得有些情绪溢出常轨，那就赶紧检查一下身体吧。你的呼吸怎样？当我们觉得压力利用很重时，呼吸就会很不顺畅，这样就慢慢把活力耗竭掉了。如果你希望有个健康的身体，那就得好好学习正确的呼吸方法。

保持活力的方法，就是要维持身体足够的精力。怎样才能做到这一点呢？我们都知道每天的身体活动都会消耗掉我们的精力，因而我们得适度休息，以补充失去的精力。请问你一天睡几个小时呢？如果你一般都得睡上8~10个小时的话，很可能有些多了点，根据调查研究，大部分的人一天睡6~7小时就足够了。还有一个跟大家看法相反的发现，就是静坐并不能保存精力，这也就是为什么坐着也会觉得疲倦的原因。要想有精力，我们就必须"动"才行。研究发现，我们越是运动就越能产生精力，因为这样才能使大量的氧气进入身体，使所有的器官都活动起来。唯有身体健康才能产生活力，有活力才能让我们应付生活中各种各样的问题。只有充满活力，才能控制生活里的各样情绪。

当你的心充满活力，那么通过对他人的服务，可以让大家一同来分享富足。

怒气消解法

在职场中，人与人之间难免为了工作发生矛盾和争吵，产生怨气和怒气。经常情绪焦虑的人伤人又伤己，不仅影响人际关系，也影响身心健康。下面是一些化解怒气的小办法。

1.意念控制法

在发火时，心中念念有词：别生气，别跟他一般见识，有什么天大的事要发这么大的火呢？会收到一定的效果。

2.回避矛盾法

如果与同事刚发生了激烈的争吵，大家都在气头上，容易引起进一步的争吵，最好暂时回避他，这样可以做到眼不见，心不烦，怒气自消。

3.转移思想法

生气时，如果始终想着生气的事情，会越想越生气，越想越难过。相反，如果通过其他途径有意识地转移自己的思想，做一些自己喜欢的事情，比如：逗孩子玩，去商场购物，就可以转移大脑的兴奋点，让怒气在不知不觉中消失。

4.主动释放法

把心中的不快找你的好朋友或亲人诉说一番，亲朋好友的理解和关心让你如沐春风，化解了心中的不良情绪，而你的不良情绪也不会传染给他人。

5.文字排遣法

一时找不到可靠的人诉说，可以把发怒的地点、原因和经过详详细细地写下来，描绘那个惹你生气的人的百般丑态，你会发现他并不如你想象中的那么可恶，甚至居然还有一些可爱之处，从而消解了怒气。

6.自我超脱法

自己提出的工作方案，可能会遭到半数以上的人的反对，包括上司和同事。也许是对你期望值太高，也许是认为你工作能力差，这都是正常的现象，不必忧虑和生气。

7.积极沟通法

当争吵双方都心平气和的时候，利用午休时间聊聊天，谈谈各自的爱好，或许你会发现你们之间并没有什么重大的"阶级"仇恨。大家都是为了工作，不要把工作中的矛盾延续到生活之中。

8.提高修养法

平时多做一些提高修养的事，种种花草，养养鱼，学学书法，练练画，为人会变得谦和有礼，不容易暴躁和动怒。

第6章

[性格决定命运——优化性格心理学]

　　一个人的性格特征将决定着其交际关系、婚姻选择、生活状态、职业选择以及创业成败等，从而根本性地决定着其一生的命运。如果将一个人比作一栋大厦，那么性格就是大厦的钢筋骨架，而知识和学问等则是充斥于骨架中的混凝土。钢筋骨架决定着大厦能建多高，建多壮，是高耸入云的摩天大楼还是低矮的简易楼房；性格决定着你的一生是悲剧连连、平平庸庸还是建功立业、让人敬仰。

什么是性格

　　人类历史的第一个前提无疑是个人生命的存在。每一个人生命的出现都是人类繁衍工程里的一个结晶。生命经历了人类历史的长河，经历了祖辈人的不懈努力。生命的宝贵，在于它延续而来的历史太悠久了，它使每一个存在的人感到庆幸、自豪、惊讶和珍贵。然而死亡给生命规定了存在的界限。如何用有限的生命建造那瞬间的丰碑，成为每一个生命孜孜追求的目标。虽然个人的存在被限定在生命界限内，但是在悠长的历史之光的照耀下，它有了社会和历史的意义，个体发出的瞬间光明连成一片，个体价值的意义又构成了人类永恒的历史。

　　阿尔伯特·爱因斯坦在1999年被《时代》杂志选作"世纪人物"，这位物理学和数学方面的天才拓展了人类的思维，开辟了科学与技术的新领域，使人们看到他为人类认识宇宙的本质所作出的重大贡献。然而，爱因斯坦之所以被广泛接受，成为我们时代最具影响力的人物，主要不是因为他是天才，而是因为他的个性。对于大多数人，包括爱因斯坦这样才华横溢的人来说，其生活的每一点成就，无论是辉煌的业绩还是微小的收获，更多地取决于人的个性，而不是其他任何单一的因素。

　　为了认识自己和他人，我们需要懂得一个概念，就是被我们称为"个性"或者"性格"的东西。给"性格"下定义不是一件容易的事，人们经常用不同的词语来描述一个人的性格，比如乐观型与悲观型，活泼型与腼

腆型，温柔型与粗暴型等。

什么是性格？概括地讲，性格就是人在对人、对事的态度和行为方式上表现出来的心理特点，如理智、沉稳、坚韧、执著、含蓄、坦率等。

但是性格又绝不是这样简单，因为任何一种性格都有不同的层次。政治家的理智与农民的理智大不相同，宗教徒的执著与赌徒的执著截然相反，因此，性格的文化底蕴才是决定性格的根本因素。

根据心理学的理论，一般认为一个人的性格很难改变。我们可以认识某人的性格特征，并在必要时对其做一定程度的修正，但人的基本性格可能取决于基因中某些固有的因素，就像我们眼睛的颜色一样是不可改变的。

人，是天地之心，是万物的灵长，但是，人自从睁开双眼的那一天起，就为命运所困扰，人类的历史也就成了与命运进行永不妥协斗争的历史。什么是命运？一般来说，命运是个人无法把握的寿夭祸福、穷通贵贱。

日常生活中，两个人有着同样的社会背景，同样的家庭环境，同样的生活际遇，同样的智商，但最后，一个人成功了，而另一个人却失败了，为什么？这就是两种性格，两种命运。一个人的行为受性格而不仅仅是智力的影响和左右，而一个人的行为又极大地决定着他能否取得成功。班级里最聪明的孩子不一定是最可能获得成功的人，因为他们往往不会注意周围人的性格特征，这样也导致了他们不会改进自己的行为方式以便最大限度地自我发挥。一流的推销商、教师、大夫、心理专家、经理、律师、政治家，他们取得成功正是因为他们善于观察和解读自己与别人的性格。

性格虽然具有先天性和不可改变性，但是它仍然离不开后天的塑造。苦其心志，劳其筋骨，是自古英雄出磨难；生于忧患，死于安乐，是智者与愚者的不同归宿。塑造性格的主动权，不在命运的手中，正在我们的心中。把握了性格，也就把握了命运。

美国公布了一份权威调查，显示了美国近20年来政界和商界的成功人士的平均智商仅在中等，而情商却很高。我们知道情商的要素基本上都包括在性格之中，因此，我们说性格是决定个人成败的重要因素并不是空穴来风。

在过去的历史中，由于机遇的不平等，性格的因素还不是那样的重要，但在今天，在这个高度发达的信息时代，同样的机遇同时摆在人们的面前，人与人的性格不同，对待机遇的态度也不同，于是有的人能成功，有的人只能与成功擦肩而过。21世纪，年轻一代人的口号是"不怕你有个性，就怕你没个性；不怕你有毛病，就怕你没毛病"，所以我们说这是个个性张扬的时代。

我们每一个人几乎都曾因为不了解自己和他人的性格而造成各种各样的麻烦。比如，不善识别潜在的麻烦制造者，为自己处理不好各式人际关系烦恼不已。当今社会的高离婚率也说明了这一个问题，如果一方知道如何更好地认识对方的性格，或许他们就能避免许多不幸的发生。又比如，在医学领域中，如果医生了解自己病人性格类型后面的深层根源，那么他们就能够给予病人更多的帮助。一个最具说服力的例子就是篮球明星迈克·乔丹，他个性中最大的特点就是他的无与伦比的绝对自信，所有与他交过锋的运动员对他身上那种必胜意识都留下了深刻的印象。因此，任何一个真正了解他性格的对手，明智的做法是，比赛中绝对不要表现出对乔丹的一丁点轻视。不幸得是，许多毛头小伙子常常因为表现出对乔丹的不服而把他完全刺激起来。乔丹在比赛中不仅决意要证明对手的"错误"，而且同时还有点自我炫耀的意思。

上述种种都说明了一个事实：了解自己和他人的性格特征，我们的生活将会因此大受裨益。

性格 类型和特征

目前，性格类型的划分方法有多种。比如，精神病学家和心理学家采用《精神病患者诊断与统计手册》。根据这个手册，他们可以将有些病患者划分为"分裂型人格"，这种性格的人在社会交往和与他人的关系中行为模式具有孤立的倾向；还有一种类型是"自恋型人格"，这种人的行为模式则表现为虚夸、自以为是和离不开别人的崇拜，同时兼有对别人冷漠、缺乏同情心等特点。还有其他分类法，比如麦耶斯·布里格类型，将人的性格分成内向型、外向型、思考型、感觉型等，目的也在于帮助人们更好地了解自己和认识别人。

在本书中，我们主要是列举两种很有影响力的划分方式，分别是传统式分法、测试式分法。这两种划分方式各有其特点，可以帮助我们更清楚地识别出不同的人的性格类型和特征。

性格 类型的传统式分法

传统式分法是目前影响力最大和最为人们熟知的性格类型划分方法。

它将人的性格划分为19种类型，分别为：理想性格，叛逆性格，懦弱性格，坚韧性格，勇敢性格，耿直性格，刚毅性格，刚愎性格，优柔性格，狡诈性格，孤独性格，世故性格，谨慎性格，好强性格，敏感性格，情绪性格，自制性格，方圆性格和豪放性格。下面我们一一作出介绍，并举出每种性格类型的典型范例。

1.理想性格及其特征

理想的性格就是无性格，它的实质不可名状，正像含盐的水虽咸却没有苦涩，虽淡却非索然无味。具有这一性格特征的人望之俨然，接触起来却和蔼可亲。但是在和蔼可亲中，却又有着一种天生的震慑力。这种人表面上看去总是那么平淡，不显山，不露水，毫无个性，周围的人经常不把他们放在眼里，但他们做起事来，又变化万端，让人琢磨不透，等想明白了，才知道他们不容小觑。具备这一性格的人，像水一样可以根据不同的器皿展现不同的身姿，身陷逆境需忍让之时，他们会表现得忍性十足。而一旦机会出现，需要决断之时，他们的性格又表现出毫不犹豫的果断，该出手时就出手。而这种景象让人联想起龟鹰决斗，凶猛无比的老鹰在与慢腾腾的老龟的决斗中却不占上风，原因就在于龟缩着头，鹰无法啄其要害，但一旦有可乘之机，龟会毫不犹豫地撕咬鹰的要害。

理想型性格的人该仁慈之时，他们总是慈眉善目；而该勇猛之时，又势如猛虎下山。所有的这些性格特点促使他们既果敢又谨慎，所以他们是天生的领导者，虽自己才能有限，但却知人善任，在他们手下，必有一大批人才乐为其用，所以他们的事业也注定会成功。这种性格的人多为开世君主，有道明君。

2.叛逆性格及其特征

叛逆性格与理想性格正好相反，他们不是无性格，而是随时随地都有着很明显的性格。理想性格是水的性格，而叛逆性格则是火的性格，他们向生存环境采取的是赤裸裸的反抗，他们不懂迂回，不会婉转，而是直接地与所处环境展开针锋相对的斗争，所以这种性格的人要提防成为悲剧人物。因为与环境作斗争，结局只有两种：战胜环境成为英雄或是被环境所吞噬，成为悲剧的主角。古今中外的诗人都是有性格的，没有性格成不了诗人，也写不出精彩的诗篇。但是从来没有一个诗人像普希金那样兼具浪漫与反叛的个性，正是这样的个性使得他的诗篇流芳百世，但同时也造成了他悲剧性的人生。

普希金生活在沙皇统治下的帝国，但他从未想过要取悦沙皇。他曾经这样写到：

"我只愿歌颂自由，只希望向自己献出诗篇，我诞生在世界上，并不是为了用我羞怯的竖琴讨沙皇的喜欢。"

由此我们可以看出他的叛逆性格。普希金为了捍卫自己的荣誉而与自己的情敌决斗，这是力量悬殊的决斗，是文人与武士的决斗，但他丝毫的退却之心都没有，从容地走向了死亡。他的叛逆性格使得沙皇政府对他不容，也导致了他不安定的生活。他是崇高的，优美的，但也是悲剧的。

德国著名哲学家尼采更是叛逆性格的代表人物。在西方基督教对人们的统治日益坚固之时，他提出"上帝死了"，要推翻一切旧有的道德，认为人性是恶的，恶才值得去赞扬，恶是推动人类历史前进的武器。尼采叛逆的性格使得他的哲学思想在现代西方哲学史上自立门派，但也导致了他悲剧性的一生，他没有美好的家庭，身患精神分裂症，而且最终陷入了完全的疯狂。

3.懦弱性格及其特征

懦弱性格是性格缺陷的代名词，为很多人所唾弃。日常生活中，说某人性格懦弱，往往还有鄙视和厌恶之意。其实，勇敢和坚强固然是每个人所追求和向往的完美性格，但懦弱性格也是人们性格类型中不可缺少的一部分。每个人的性格中或多或少地都有懦弱的成分存在，我们往往在困难和灾祸面前退缩，但能鼓起勇气坦然面对失败和挫折的就是勇敢与坚强的人，相反被失败击倒的就是懦弱的人。懦弱性格的人虽然不能成为叱咤风云的将军，也不可能成为果敢坚强的政治家，但他们常常情感丰富，观察敏锐，感受细腻，是天生的文学艺术之才。

4.坚韧性格及其特征

坚韧性格与懦弱的性格正好相反。坚是一种特性，我们说坚不可摧就是此意；韧是顽强的意志力和超强的忍耐力。坚韧性格是无敌的，这种性格的人做事专一，永不会放弃，不屈不挠，不达目的誓不罢休。这种性格的人无论从事什么职业都会成功，因为他们绝不轻言放弃。

爱迪生是个天才，他有着普通人无法企及的天赋，但正像他自己所说的："天才是98％的汗水加上2％的灵感。"爱迪生的一生是传奇，也是事实，他坚韧的性格，锲而不舍的努力造就了他辉煌的事业。他一生共有发明2 000多项，被称为"发明大王"。爱迪生从小就有着超强的好奇心，对什么事都想知道其背后的原因，不仅如此，对什么事情他都想自己动手尝试一下。在爱迪生研制电报机的时候，他有时一个星期也不离开实验室。饿了啃几口面包，渴了喝几口清水，废寝忘食地工作，甚至置自己的新婚妻子于不顾，继续他的研制工作。他发明电灯的过程更是他性格的突出表现。在进入实验之前，他在电灯方面建立了3 000多种理论，每一种理论似乎都可能变成现实。他锲而不舍地一一进行实验，最终确定只有两种理论可以行得通。他是一个工作狂，只要进入他的实验室，进入他的工厂，他就忘记了身边的一切。

5.勇敢性格及其特征

每一个人都希望自己有着坚强勇敢的性格，勇敢性格的人是天生的将军和统帅。他们生性好斗，不愿屈服，敢说敢为，富于冒险。这种性格的人往往个性鲜明，有着非凡的魅力。

"铁血宰相"俾斯麦可以说是勇敢性格的典型代表。他在大学里就是个知名人物，因为他怪异的着装和放荡不羁的生活方式。当时的俾斯麦身材高瘦，衣服的颜色由于穿的时日过长，已经分辨不出是什么颜色，而下身经常穿一条肥大的裤子，皮鞋的鞋跟带有铁掌。他还留着长长的头发，两撇八字胡。别人不能对他有一句批评之词，如果有人这么做了，那么一场决斗是少不了的，所以没有人敢惹他。

我们都知道俾斯麦是通过三次战争最后实现德国统一的，他是个斗士，积极主张战争解决德意志的统一，但他又是个有谋略的斗士，在他身上不仅有勇敢，而且有韬略。他的性格使得德国最后得以统一。但统一之后，他的这种性格仍然没有丝毫的收敛，他说："只要我还有权力，我将永远奋斗。"这样的性格最终导致了他与威廉二世的分裂，他被剥夺了一切权力，从此走向了人生的低谷。

6.耿直性格及其特征

耿直性格的人不善迂回，经常碰壁。这种性格的人往往嫉恶如仇，好打抱不平，为人善良，但却不通人情世故，不会为人处世，所以他们的人生往往不得意，有着太多的抱怨和郁郁不得志。他们是正直人格的护花使者，但是他们的性格也导致了他们自己人生的曲折艰难。

7.刚毅性格及其特征

刚毅性格与耿直性格有共同点，都是正直的，但前者比后者多了刚毅，也就是多了坚强持久的意志力，这使得这种性格的内涵是勇猛而顽强，果断而自信，直而不肆，光而不耀。刚毅性格与坚韧性格都是不屈不挠，锲而不舍，但前者注重刚强，势不可挡，而后者则是柔韧，是水滴石穿。

这种性格多体现在女性身上。

英国的前首相撒切尔夫人就是一个例子。这位"铁娘子"是英国历史上唯一一位女性首相，她的闪光点在于她性格中的果断刚毅、毫不妥协，工作起来不知疲倦。她的坚强、刚毅和超强的自制力在她离开政坛的最后一刻得到了很好的体现。在竞选失利的情况下，她仍然不失"铁娘子"的风范，尽力维护自己的尊严，不让自己在众人面前流泪，用超强的自我控制力完成了最后的演讲。面对失败的局面，她和其他人一样觉得沮丧、痛苦，但是她在得失面前仍然能够保持自己政治家的形象，不能不说是她刚毅的性格在起着关键的作用。

8.刚愎性格及其特征

刚愎自用无疑也是有着缺陷的性格特征，它与刚毅性格有着表面的相似性。这种性格的人往往把自己看得很重，在他们的视野内，没有可以与自己相提并论的人，他们中的很多人确实有才华，有能力，但他们不求进步，最终导致他们失败的命运。"恃才傲物"是他们的显著特征，他们自恃甚高，不愿与别人交流，固步自封，最后难免出现悲剧性的结局。而还有一种具有这种性格的人是曾有过很大贡献的人，他们往往认为自己的功勋卓著，听不进别人的意见，最终也难逃悲惨的结局。

9.优柔性格及其特征

优柔性格的人遇事犹豫不决，瞻前顾后，办事迟疑，没有决断。他们往往在优柔中失去一次次机会，使自己的命运一变再变。优柔寡断的性格往往成就不了什么大事。

10.狡诈性格及其特征

狡诈性格的人不受任何道德规范的束缚，它的特征是根据不同情况表露不同面孔，狡猾奸诈。狡诈性格的人也是能成大事的人，他们与理想性格一样具备领导才能，但他们往往为求目的而不择手段，与理想型性格的人比起来，少了正与直的方面，多了狡猾和奸诈。他们这种性格的人能成功，但却往往没有什么好名声。

经历过1997年东南亚金融危机的人对索罗斯这个名字一定不会感到陌生，他是这场金融风暴的始作俑者，在这次很多人都血本无归的金融大风暴中，他赚足了美元，但他的成功是建立在别人的痛苦之上的，由于他的出现，令东南亚的经济受到严重影响。索罗斯为人狡猾，是只商场老狐狸。20世纪90年代中期，东南亚国家不约而同地开始了一场大跃进，随着经济的快速发展，一些金融漏洞也开始出现。索罗斯是一个很有心计的人，他一直在等待着机会大赚一笔。1997年3月至8月短短5个月的时间，索罗斯将泰国、马来西亚和印尼的金融体系几乎摧毁，而他自己则赚足了好处。他诡谲的性格使他极度成功，但他的行为是不光彩的，是建立在无数商人破产的基础上的，因此他虽有无数的金钱，但人们却都厌恶他。

11.孤独性格及其特征

孤独性格往往是一种深刻的境界，是一种常人所无法理解的层次，就像中国人常讲的"高处不胜寒"，因此孤独性格常常与伟人相伴随。这种性格的人不善于交际，喜欢独处，对事业任劳任怨，勇于向高处攀登，他们取得的成就非常人所能企及。但这种性格也有缺陷，那就是容易走向极端，脾气多怪异，有时甚至走向自我毁灭的道路。

12.世故型性格及其特征

世故型性格的人顾名思义是善于交际、处世圆滑的人，他们精明能干，在人际关系上左右逢源。世故型性格的人可通过依附于一个强人而获得事业上的机遇。这种性格的人大多是权力型的人，但是他们一旦获得了权力，行为方式与指导思想又会比较谨慎，所以他们不会是开拓型的领导。

阿根廷的第一位女总统——伊萨贝尔就是这样性格的人。1956年，芳龄25岁的伊萨贝尔与阿根廷前国家元首胡安·庇隆相遇。当时的她是一位天真浪漫、艺海中正在跃起的新星；而庇隆则是个年近花甲、下台流亡在外的总统。但此时的伊萨贝尔坚信，这位患难总统定有出头之日。从此她成为了庇隆得力的助手和秘书，为庇隆的复出贡献自己的力量。经过7年的不懈努力，庇隆终于重新登上了总统的宝座。而在庇隆的影响下，伊萨贝尔也以副总统的身份开始了自己的政治生涯。就在次年的7月，在自己丈夫的扶持下，她登上了总统的宝座。可以说，她的成功完全得力于她世故型的性格和敏锐的政治洞察力。一般常规论之，无论从学历上还是从能力上看，她可能都没有资格去管理一个国家，但是她又成功了，因为她选择的丈夫是她坚强的后盾。

13.谨慎型性格及其特征

谨慎型性格之人，常常对周围的事思考得很周全，善于三思而后行。这种人责任心较强，办事多精明。谨慎型性格的人一般以女人较多，她们做事务实，不鲁莽。这种性格的人在关键时刻善于自保，不拖累别人，也不自找麻烦。但这种性格的人的缺陷也就在于思考得太过于细微，不敢去冒险，常会失去许多机会。

曾任美国陆军参谋长的五星上将马歇尔就是个谨慎型性格的人。1897年，他进入了弗吉尼亚军事学院，在这个学院里有一个惯例，那就是所有的新生都必须接受老生的种种刁难。在一次老生刁难他们的"坐刺刀"活动中，马歇尔虽然身体虚弱，在刺刀上坚持不了多少时间，但是他不愿与这些老生起冲突，也不愿让这些老生看不起自己，他坚持着，直到刺刀刺破了他的屁股。从这以后，这些老生对他刮目相看，再也没有欺侮过他。

1943年，众议院提议他为陆军元帅，但是他却拒绝了，因为他考虑到这样的提升会损害他在人民中的影响，另外也会给他指挥战争带来障碍。他的这些做法使他在部队里赢得了很多人的好感。

1945年第二次世界大战结束，他又提出了辞职的请求，虽然从此失去了政治和军事上的大好前途，但以后的事实证明他激流勇退的做法是正确的。上述这些做法都是他谨慎型性格的最好体现，对任何事他都有着精微的思考，在深思熟虑后，他就果断地采取行动。这样的个性，使得他在军事战争和为人处世上都能一帆风顺。对于他的成功，他的谨慎型性格起到了非常重要的作用。

14.好强型性格及其特征

许多人喜欢把自己的成功或失败归咎于运气，但对于好强型的人来说却相信自己的努力。他们会主动去寻找成功的机会，有自强不息的精神和积极向上的心态，所以他们大多数人容易成功。好强型性格的人也有缺点，因为好强的秉性，他们不甘居人下，不人云亦云，而且会傲慢地对待他人，在处理关系上容易走极端，多遭人嫉妒，甚至有时很盲目，自以为是。

希拉里·克林顿起初为人们所认识是因为她是美国的第一夫人，她的丈夫是美国的总统，但几年过去之后，人们发现她本身的杰出智慧和好强的个性，丝毫不逊色于她的总统丈夫比尔·克林顿。在担任第一夫人期间，她就以自己的强悍、干练给了丈夫许多帮助。希拉里在大学期间就是个不平凡的人物，她曾是学校反对派领袖之一，领导学生与学校一切不合理的制度作斗争。在丈夫竞选总统期间，她所起的作用是不容忽视的。当她与她的丈夫从白宫里走出来后，她没有放弃自己的政治抱负，她历经磨难，凭着自己卓越的才能和好强的个性，在基本属于男人的政坛中脱颖而出。2002年她成功当选为纽约州参议员，她未来的命运如何，我们不做猜测，但她好强的个性肯定是她政治生命里最重要的东西。

15.敏感型性格及其特征

敏感型性格的人属于自我实现型。他们通过独特的想象力、敏锐的感悟力，在对目标的追求中得到价值。敏感型人适宜于高智力的活动，他们可以运用创造性想象及推理方面的特长创作文学作品。他们还可以选择担任军事指挥，因为他们拥有别人没有的感悟能力，一件事普通人可能毫无知觉，但敏感型的人却早早意识到了它的不同之处。敏感型性格也有自己难以避免的缺点。他们很容易神经过敏，会因感情用事而引起不必要的麻烦。

著名歌星迈克尔·杰克逊天性敏感、柔弱；他从小就是个内向、文静的男孩，虽然有着极高的音乐及舞蹈天赋，但他却很害羞，这样的性格是不适合在歌坛上闯荡的。但他很小就涉足了这个领域，这本来就是一种很矛盾的情况，所以导致他永远都处于自我与周围世界交流的两难处境中。

即使到了他成名后多年，在现实生活中，他在心理上始终存在着某些令他无法与现实世界沟通的障碍。舞台上的他疯狂、热情，但现实中的他却是个最孤僻的人，一个极端自我封闭的人，一个极其容易受伤害的人，一个几乎完全生活在儿童世界里的人。

16.情绪易变型性格及其特征

情绪易变型性格也就是不稳定的性格，或者说是脾气坏的人。这样的人不但会害苦自己，而且也容易伤害自己周围的人。这种性格的人喜欢交友，对人很热情，他们很容易信赖别人，但却不懂得珍惜身边的朋友。他们大多数人受情绪波动影响很大，忽喜忽悲，让人难以琢磨，给人不成熟、办事也不牢靠的感觉。

这种性格的人大多从事科学或者艺术工作，因为这些灵活多变，需要灵感和天赋的职业类型需要人的情绪和爱好的多变性。他们可以通过情绪转化获得事业发展的机遇。这种性格的人的缺陷就在于不能把消极情绪转化成积极情绪，而让消极情绪破坏了成功的希望。另外，这种性格的人因为情绪多变，容易冲动，这样很有可能被某些居心叵测的人用来当枪使，充当他们的探路者。

17.自制型性格及其特征

自制型性格的人天生不容易发脾气，他们是那种喜怒不形于色的人，任何情况下都能把自己控制得很好，对别人有很强的容忍力。这种性格的人富有善心，他们大多数人都能通过自己的积极工作获得升迁，或者通过自己的创业取得成功。但是自制型性格的人也有自己的缺陷，那就是他们容易过分忍让，让到手的机遇溜走，另外因为这种人对自己要求甚严，这样他们对自己身边的人要求也会很严格，不容易通融。

德国的大音乐家勃拉姆斯就是这种性格的人。他景仰自己的老师舒曼，但尴尬的是他又爱上了自己的师母，他压抑着自己的感情，尽心照顾老师和师母。在老师住进疯人院的时候，他在师母身边默默地陪着自己所爱的人。在他们两个人患难与共、相濡以沫的亲切气氛中，他们的感情越来越好，也越来越炽热。但是勃拉姆斯只能默默地爱她，只能把她看作母亲般的安慰，这是他自制性格的体现。当老师去世后，他没有像众人想的那样，与师母生活在一起，而是选择了离开。他的做法也是他深爱师母的表现，他明白他们的感情是为道义所不容的，而且这种爱情也不能带给自己所爱的人以幸福。所以他选择了离开，宁愿自己受着痛苦的折磨，也不愿自己所爱的人受半点委屈，这同样是自制力超强的表现。

18.方圆型性格及其特征

方圆型性格是常人难以达到的理想型性格，它也是人人都向往的性格。这种性格的人能随着周围环境的变化而适时地改变自己的性格，他们能忍则忍，能容则容，该进取时就绝不退却，该退让时也不会强求。他们对自己与别人都能很好地理解，他们把宽容、博大、仁爱都交融在一起，行动时，能够根据具体的情形作出调整。

19.豪放型性格及其特征

豪放型性格讲求直来直去，无所顾忌，他们经常为自己的朋友两肋插刀。这种性格的人做事干脆利落，绝不拖泥带水，也不讲求个人私利。他们优点很多，但也有天生的缺陷。他们大多数人容易冲动，特别信任朋友，但这也就造成他们有可能被坏人利用，或者说交友不慎，误入歧途，作出让人遗憾的事情来。

美国歌坛巨星麦当娜就是这种性格的人，她天性狂野豪放，甚至近乎疯狂，她敢说敢做，用狂放不羁的态度去追求艺术上的成功。美国人称她为性感尤物，是他们的宝贝。个性狂放的她早期把自己的目标放在了舞蹈上，但是很快她就发现自己并不适合跳舞，在这期间她已经显露出了自己独特的个性，衣着大胆出位，喜欢制造让人吃惊的效果。后来她开始向音乐这条道路上前进。麦当娜的个性野性十足，从不受什么规矩的束缚，对于别人对她的鄙视，从不放在眼里，她知道自己想要的是什么。她私生活的放荡也是她个性的一个诠释。这样的女性绝不会被外界扑来的各种压力所击倒，她一次又一次地平息了潮水般的诽谤和攻击，为自己的人生开辟了一条越来越宽的道路。

性格类型的测试式分法

测试式方法是由美国女作家弗洛伦斯·妮蒂雅所倡导的一种对性格的划分方法，它简洁又条理清楚，使被测试的人短时间就能对自己的性格类型有一个清楚的把握。同时这种划分方法也让被测试的人认识到每一个人都是独一无二的，天生就有与兄弟姐妹不同的组合特征。

每一种性格类型都有自己的优缺点，各种性格都有其非同寻常的价值，正像太阳照射的七彩光一样，没有这个颜色比另一个颜色好，而是每一种颜色都缺一不可，少了哪一种都是遗憾。我们生来都有自己的性格特征，这就像是我们每个人都有着不同的质地，比如说，有人是花岗岩构成，有人是大理石构成，有人是沙石质料的，我们的外形或许可以被雕刻家雕刻成同样的样子，但是我们的本质不会变化，而这种本质就是我们的性格。它或许被我们隐藏得很深，但是我们内在的本性却不会变化，正如同俗语所说的"江山易改，秉性难移"。

这种性格的划分方法就是通过做测试来确定你的性格特征。它把性格划分为四种：活泼型、完美型、力量型和和平型。但在划分之前，我们先来做一个测试，由此你可以知道你自己的性格特征。

第一步：填写性格测试卷

说明：在以下的各行的词语中，用"√"在最合适的词语前做记号。

优　点

1	□富于冒险	□适应力强	□生动	□善于分析
2	□坚持不懈	□喜好娱乐	□善于说服	□平和
3	□顺服	□自我牺牲	□善于社交	□意志坚定
4	□体贴	□自控性	□竞争性	□使人认同
5	□使人振作	□受尊重	□含蓄	□善于应变
6	□满足	□敏感	□自立	□生机勃勃
7	□计划者	□耐性	□积极	□推动者
8	□肯定	□无拘无束	□时间性	□羞涩
9	□井井有条	□迁就	□坦率	□乐观
10	□友善	□忠诚	□有趣	□强迫性

缺　点

1	□乏味	□扭捏	□露骨	□专横
2	□散漫	□无同情心	□缺乏热情	□不宽恕
3	□保留	□怨恨	□逆反	□唠叨
4	□没耐性	□胆小	□健忘	□率直
5	□挑剔	□无安全感	□优柔寡断	□好插嘴
6	□不受欢迎	□不参与	□难预测	□缺同情心
7	□固执	□即兴	□难于取悦	□犹豫不决
8	□平淡	□悲观	□自负	□放任
9	□易怒	□无目标	□好争吵	□孤芳自赏
10	□天真	□消极	□鲁莽	□冷漠

第二步：填写性格计分卷

现在将记上"√"符号的选择移到计分卷上，1个"√"得1分，将得分加起来。

101 ▶▶

优　点

	活泼型	力量型	完美型	和平型
1	□生动	□富于冒险	□善于分析	□适应力强
2	□喜好娱乐	□善于说服	□坚持不懈	□平和
3	□善于社交	□意志坚定	□自我牺牲	□顺服
4	□使人认同	□竞争性	□体贴	□自控性
5	□使人振作	□善于应变	□受尊重	□含蓄
6	□生气勃勃	□自立	□敏感	□满足
7	□推动者	□积极	□计划者	□耐性
8	□无拘无束	□肯定	□有时间性	□羞涩
9	□乐观	□坦率	□井井有条	□迁就
10	□有趣	□强迫性	□忠诚	□友善

缺　点

	活泼型	力量型	完美型	和平型
1	□露骨	□专横	□扭捏	□乏味
2	□散漫	□无同情心	□不宽恕	□缺乏热情
3	□唠叨	□逆反	□怨恨	□保留
4	□健忘	□率直	□挑剔	□胆小
5	□好插嘴	□急躁	□无安全感	□优柔寡断
6	□难预测	□缺同情心	□不受欢迎	□不参与
7	□即兴	□固执	□难于取悦	□犹豫不决
8	□放任	□自负	□悲观	□平淡
9	□易怒	□好争吵	□孤芳自赏	□无目标
10	□天真	□鲁莽	□消极	□冷漠

把答案填入积分表，分别将四列中的每一列的分数加起来，然后再把优点、缺点两部分分数加起来，根据总分的高低就可以知道自己的大概性格类型，同时你也就可以知道自己的组合类型。

1. 活泼型性格的特征

活泼型性格的优点很多，他们通常能言善辩，富于浪漫情怀，待人热情，永远是人们瞩目的焦点。在情感方面他们容易给初次见面的人留下深刻的印象，比较健谈，富于幽默感；同时这种性格的人很情绪化，感情容易外露；他们对任何东西都有着强烈的好奇心，这样使得他们经常略显孩子气；与他们相处，会让人经常不由自主地笑出声来。活泼型性格的人虽然童心未泯，但这并不表示他们对工作没有热情，这种性格的人在工作上往往热情很高，工作态度很主动，努力找寻工作上新的突破口；好奇的性格特征使得他们在工作上富有创造性，充满干劲，同时他们热情的性格又会很容易地吸引别人参与进来，形成和谐的工作场面。这种性格的人喜欢赞扬别人，他们永远也不会记恨，与人不愉快时，很快就会向别人道歉，所以他们有很多朋友。活泼型性格的父母在与孩子相处上更是如鱼得水，他们就像是马戏团团长，他们把自己的孩子看作是自己的朋友，家庭生活因为他们的存在而显得多姿多彩，并且处处充满欢声笑语。

任何性格都不可能是尽善尽美的，所以活泼型性格的人当然也有着难以避免的缺点。这种性格的人通常总是唧唧喳喳说个不停，任何一件小事在他们那里都能被宣扬成长篇大论，并且任何时候，如果没有别人的阻止，他们自己永远不会停止。活泼型性格的人通常容易以自我为中心，他们不关注别人，因为他们只看到自己。他们对自己的故事津津乐道，但却没有留意到他人注意力的变化。这种性格的人还因为其活泼好动、没有耐性的本性而养成了不注意记忆的坏毛病。他们对数字毫无概念，所以他们通常都记不住别人的电话号码和名字。另外因为活泼型的人生活丰富多彩，拥有很多朋友，所以他们通常是那种高兴了和你一起玩，平时经常失踪的朋友，而不是你真正可以信赖并依靠的好朋友。

2. 完美型性格的特征

完美型性格的人与活泼型性格的人好比是两个极端。他们在情感方面通常显得很冷静，他们不会像活泼型的人一样情感外露，而是深思熟虑，善于分析。但这并不是说这种性格的人不喜欢与别人相处，只是他们对任何事情都有自己的计划，有自己的一套标准。他们生性追求完美，为人严肃，有很强的责任心。完美型性格的人在工作上往往预先做好详细的计划，一旦开始工作就完全投入，有条理有目标地完成，善始善终，永远不会中途放弃。这种性格的人最重要的是很懂得善用资源，他们勤俭节约，讲求经济效益，用最合理的方法解决问题。他们的居住环境往往很整洁，他们生活注重细节，对自己和别人都有着很高的要求。完美型性格的人在交朋友上和活泼型的人截然相反，他们很谨慎地选择朋友，如果你有幸成为他们的朋友，那么他们必然能成为你最忠诚可靠的朋友，处处关心你，可以为了你作出自我牺牲。他们善于聆听抱怨，积极帮助你解决问题。但在选择配偶上他们通常选择理想伴侣，追求完美，有着很苛刻的标准。完美型性格的父母对孩子有着很高的要求，他们不会像活泼型性格的父母那样把孩子看作自己的朋友，他们希望自己的孩子很出色，一切都能做对，鼓励孩子充分显露他们的才华。

天才亚里士多德说过："所有天才都有完美型的特点。"他说得很对，作家、艺术家和音乐家通常都是完美型的，米开朗琪罗就是个突出的例子。他在创作经典的摩西·大卫和彼亚塔等雕塑时，深入研究过人类的体型结构，在停尸房里亲自解剖尸体，研究肌肉和筋腱。他还是个建筑师，他也曾经写诗，他在罗马梵蒂冈西士庭教堂天花板创作的壁画，至今仍然举世闻名，那是他花费了4年的时间，躺在离地面70英尺高的工作台上完成的。如果不是完美型性格的人，不可能完成这样辉煌的巨作。

完美型性格的人也有自己天生的缺陷。他们通常喜怒不形于色，因为他们不想让自己太激动，这样他们总是显得很阴沉，没有活力，使身边的人也觉得很沉闷。因为完美型的人很注重细节，感情细腻，所以他们很容易受到伤害。另外，由于天生消极的倾向，完美型的人对自己的评价十分苛刻。他们害怕与别人交谈，没有安全感。同时因为他们对一切事物高标准的要求，给他们身边的人造成了很大的压力。

3. 力量型性格的特征

力量型性格的人天生就是领导者，他们精力充沛，充满自信；他们意志坚决、果断，一旦认准目标就决不放弃；他们不易气馁，也不发泄自己的坏情绪；他们总是很有信心地运作着眼前的一切，并且不允许有任何的差错。力量型性格的人是天生的工作狂，他们设定目标，行动迅速，全身心投入工作。同时力量型性格的人善于管理，能综观全局，知人善任，合理地委派工作，寻求最实际最合适的解决方法。因为这种性格的人总是显得那么胸有成竹，对一切事物都能有清楚的洞见，再加上他们天生的领导才能，所以他们往往不大需要朋友。另外，他们自信的本性，总是觉得自己的见解永远正确，听不进别人的意见，所以不大容易交上朋友，因为没人能容忍他们自大的秉性。力量型性格的父母在家庭里行使绝对的权利，他们设定目标，督促全家人行动，像一个领导者一样有条不紊地管理着整个家庭的日常事务。

力量型的人永远动力十足，他们充满理想，他们勇于攀登高不可攀的顶峰。由于力量型的人是目标主导兼具与生俱来的领导素质，他们往往在自己所选择的职业中达至顶峰。大多数具政治影响力的领袖都是力量型的。英国前首相玛格丽特·撒切尔就是个力量型的领袖，人们说她"衣着充满着强烈的色彩，言谈充满说服力"。许多报道她的文章都喜欢使用这样的词语称赞她：主宰、有才华、有能力、果断、强烈的竞争性、喜欢挑战等等，从中可以看出她是个充满活力的女人，洋溢着信心和控制力。

力量型性格的人也有着自己难以改变的缺点。他们有很强的控制欲，只有处于控制人的地位时才感到舒服。这种行为让别人很不舒服，甚至反感。他们太固执地认为他们自己总是对的，不用他们的方法看待事物的人都是错误的。他们永远高高在上，俯视别人的生活，指使别人去做这做那。另外，他们还不能容忍别人的缺点，他们希望身边的每个人都听他们的指示，受他们的支配。力量型的人见识广博且自信永远是对的，所以一旦他们错了，他们也不会道歉，因为在他们看来，那是不可能发生的事。莎士比亚笔下有很多英雄式的人物，像李尔王、麦克白等，他们都是力量型的性格，他们也都是悲剧性的人物，他们的悲剧就在于他们太过于自信。

4. 和平型性格的特征

和平型性格的人在情感方面常常很低调，他们总是显得平静而坦然自若，对任何事情都很有耐心，对任何情况都很自如地适应，就像是大自然中的变色生物。这种性格特征的人仁慈善良，善于隐藏自己内心的情绪，总是一副乐天知命的好模样；他们很细心，做任何事都面面俱到，绝对不会让别人感到被冷落。他们有着一成不变的生活模式，他们喜欢从事自己熟悉的工作，不容易跳槽。他们善于调节问题，有一定的行政能力，不是雷厉风行的领导者，但绝对是平时给人亲切感觉的可信任的上司。这种性格的人容易与人相处，让人没有压力感，自然而然地想亲近。他们还是好的聆听者，关心朋友；所以他们也有很多朋友。但与活泼型性格的人不同的是和平型性格的人永远是提供帮助的一方，他们喜欢旁观，能给处于劣境中的朋友中肯的建议。他们不喜张扬，不爱唠叨，其他性格的人都愿意找和平型性格的人交朋友。和平型性格的父母绝对是好父母，他们对待孩子很有耐心，对于孩子的错误他们也很宽容。美国的格雷特·福特总统就是个和平型的人，别人称赞他常用的词语是"令人愉悦、谦逊、闲适、随和、平衡"等等。他所行使的中间路线，没有侵略性，让人感觉到他是一个可靠朴实的人。

和平型性格的人自然也有他们的缺点。这种性格的人容易墨守成规，不喜欢改变。他们总是没有作出改变的魄力和热情，另外他们惟恐改变之后情况会更糟。和平型性格的人喜欢得过且过，他们通常显得很懒惰。他们厌恶让他们自己去创新，而需要别人的直接推动。这种性格的人最大的缺点是没有主见。他们不是没有能力决定，只是他们已决定不做任何决定。这样他们就不需要为做出的事情负责。另外和平型性格的人不愿意伤害别人，所以他们总是做自己其实并不想做的事，这样他们总是学不会对自己身边的人说"不"。

优化性格的原则

性格改造或者说优化性格的目的，就是克服性格缺陷，实现不良性格向优良性格的转化。要做到这种转化不是一件容易的事情，它需要一个长期努力的过程，以及恰当的改造方法。

性格是一个人对现实的稳定态度和在习惯化了的行为方式中所表现出来的个性心理特征。诚实或虚伪、勇敢或怯懦、勤劳或懒惰、果断或优柔寡断等都被认为是性格特征。虽说"江山易改，本性难移"，但并不是说性格不可以改变，只是改变需要一个长期的过程。

培养良好的性格，对自己、对集体都有其重要的意义。一个有自制力、主动、果断、坚毅性格的人，能够很好地安排自己的生活和工作，能够正视现实、克服困难，在事业上取得成就。相反地，如果缺乏良好的性格品质，就会影响工作、学习和生活。那么如何来优化你的性格呢？青年时期是塑造和优化性格的关键时期，可根据以下五个原则着手进行塑造和锻炼。

1.循序渐进原则

莎士比亚说："金字塔是用一块块石头堆砌而成的。"优良性格的形成需要一个长期渐进的过程，不良性格的克服也需要长期不懈的努力。性格是一种相当稳定的个性特征，这种稳定性特点决定了性格的形成和转化只能是一个缓慢的渐进过程。无论是克服不良性格也好，还是塑造优良性格也好，都必须坚持循序渐进、从大处着眼小处做起的原则。

2.渐变转化原则

人的情绪是性格的特征指标之一，对性格的形成和转化具有诱导感染作用。比如，一个性格暴躁、个性很强的人，可以通过努力培养安定平静、从容不迫的情绪，使自己经常保持心平气和的心境，以促进暴躁性格的渐变转化。一个人如果能经常地消除烦恼、愤怒、急躁等不良情绪，对克服急躁易怒的不良性格肯定是有好处的。正面的情绪鼓励愈经常愈持久，对良好性格的形成和培养也就愈有利。

3.以新代旧原则

一种不良性格形成后，要改变它，办法之一就是从改变习惯入手，用新的习惯克服和改变原有的性格弱点。比如，你向来好胜逞强，办任何事情都不甘示弱，因而经常使自己惴惴不安、精神紧张。为此，你就要放弃做一个"强人""超人"的愿望，中止以眼前胜败来衡量成绩的习惯，而培养起从大处着眼、从长处看问题的习惯。

4.积累性原则

一个人的性格，一般都可以表现为临时性和稳定性两种不同状态。稳定性状态始终存在于个人的性格特征之中，而临时性状态仅存在于某一特定的环境和过程之中，一旦环境和条件发生变化，它便不复存在。比如勇敢，在有些人身上表示为一种稳定性性格，不论什么情况，他都是勇敢的；而在有些人身上则仅为一种临时性状态，即他只是在某地某时某事上才表现出勇敢。当然，临时性状态是不稳定的，一旦环境条件发生变化，它就会消失。但这并不是说，临时性状态和稳定性状态是互不相容、不能转化的。如果我们有意识地把临时性状态作为培养良好性格成为稳定性状态，那么，就能达到优化性格的目的。

5.自我修养原则

性格优化的过程，从根本上讲，就是一个人自我修养水平不断提高和强化的过程。两者是相辅相成，密切相关的。为此，必须要有坚强的意志，进行持久不懈的自我修养。

优化性格的方法

优化自己的性格可以参照以下八种方法。

1.改正认知偏差

由于受不良环境的影响，或受存在不良性格人的教育和影响，使人产生错误的认知，如认为这个世界上坏人多、好人少；同人打交道，要防人三分；疑心重；以小人之心度君子之腹等，这样的人一般心胸狭隘、嫉妒心强、疑心大、古怪、冷漠、缺乏责任感等。因此，要想改变这些，必须改变自己不正确的认知，可多参加有意义的集体活动，去充分体验感受生活，多看些进步的书籍和伟人、哲人传记，看看他们的成功史和为人处世之道，这对自己性格的改变都会有所帮助。

2.不要总用阴暗的眼光去看待别人

上过当或受过挫折的人，对人总存在一种提防心理，对人总是往坏处想，这种人疑心重、心胸狭隘、办事优柔寡断。世界上既然有好事，就必然会有不如意的事，既然有好人，就有一些害群之马，但好人还是多数。因此，我们要正确地看待别人，看待我们共同生活的社会。

3.试着去帮助别人，从中体验乐趣

不良性格的人，往往以自我为中心，他们对人冷漠，一般不愿开展人

际交往，生活在自我的小天地里。要想改变这样的性格，平常可以主动去帮助别人，因为人人都需要关怀，你去帮助别人，同样，别人也会主动来帮助你。同时，在这种帮助中，能体现自身的价值，心情改善了，对人的看法和态度也会随之改变，从而有利于人性格的改善。

4.有意识地进行自我锻炼，自我改造

人是一个自我调节的系统，一切客观的环境因素都要通过主观的自我调节起作用，每个人都在不同的程度上以不同的速度和方式塑造着自我，包括塑造自己的性格。随着一个人的认识能力的发展和相对成熟，随着一个人独立性和自主性的发展，其性格的发展也从被动的外部控制逐渐向自我控制转化。如果每一个人都意识到这一变化，促进这一变化，自觉地确立性格锻炼的目标，从而进行自我锻炼，就能使对现实的态度、意志、情绪、理智等性格特征不断完善。

5.培养健康情绪，保持乐观的心境

一个人，偶尔心情不好，不至于影响性格，若长期心情不好，对性格就有影响了。如常年累月爱生气，为一点小事而激动的人，就容易形成暴躁、易怒、神经过敏、冲动、沮丧等特征，这是一种异常情绪性的性格。因此，要乐观地生活，要胸怀开朗，始终保持愉快的生活体验。当遇到挫折和失败时，要从好的方面去想，想得开，烦恼就会自然消失。有时，心里实在苦恼，可以找一个崇拜的长者或知心朋友交谈或去看心理医生，不要让苦闷积压在心，否则，容易导致性格的畸形发展。

6.乐于交际，与人和谐相处

兴趣广、爱交际的人会学到许多知识，训练出多种才能，有益于性格的形成和发展。但是，与品德不良的人交往，也会沾染不良的习气。因此，要正确识别和评价周围的人和事，不要与坏人混在一起，更不要加入不健康的小团体中。人与人之间要互敬、互爱、互谅、互让，善意地评价人，热情地帮助人，克己奉公，助人为乐，努力搞好人与人之间的关系，

长此以往，性格就能得到和谐发展。

7.提高文化水平，加强道德修养，改造不良的性格

有的人已经形成了某种不良的性格特征，例如懒惰、孤僻、自卑、胆小等，要下决心进行"改型"。人的性格虽有一定的稳定性，但它又是可变的，只要自己下决心去改，是能产生明显效果的，懒汉可以成为勤奋者，悲观失望的人也可以成为生机勃勃的人。方法：一是提高文化水平，二是加强道德修养。因为人的性格的形成是受人的文化水平和道德水平影响的。有文化、有道德的人，就有理智感，就能以正确的态度去对待现实生活，这就有助于形成良好的性格特征。

8.取人之长，补己之短

每个人的性格特征中都有好的因素，也有不良的特征。要善于正确地自我评估，辩证地对待自己的优缺点，好的使之进一步巩固，不足的努力改正，取人长，补己短，有则改之，无则加勉。久而久之，就能使不良性格特征得到克服和消除，良好性格特征得到培养和发展。

运用 性格的力量在职业竞争中取胜

人与人之间有着很大的区别，有人乐意干事务性的工作，而有的人对信息加工与处理非常擅长，还有的人热衷于人与人之间的沟通和交流。这就是人的性格偏好所起的作用。因此，性格能让你在一种职业环境中获得成功，但也可能在另一种职业环境中却大受挫折。

曾经有位美国记者采访晚年的投资银行一代宗师J·P·摩根，问道："决定你成功的条件是什么？"

摩根不假思索地说："性格。"

记者再问："资金重要还是资本更重要？"

摩根答道："资本比资金更重要，最重要的是性格。"

摩根曾成功地在欧洲发行美国公债，采纳无名小卒的建议轰轰烈烈地大搞钢铁托拉斯计划，还曾力排众议推行全国铁路联合……他的奋斗史，他的开创性伟业，根本上是源于他倔强、坚强和敢于创新的性格。

1998年5月，世界巨富沃伦·巴菲特和盖茨应邀去华盛顿大学演讲。有学生问了他们一个有趣的问题："你们是怎么变得比上帝还富有呢？"

巴菲特先回答说："这个问题非常简单，原因不在智商。为什么聪明的人会做一些阻碍自己发挥全部功效的事情呢？原因在于他的习惯、性格和脾气。"

盖茨非常赞同他的话："我认为沃伦的话完全正确。"

摩根、沃伦和盖茨其实道出了赫拉克利特的一句名言：性格即命运。他们的成功也给了这句名言以充分的证明。

性格是一个复杂、动态的混合体，由遗传、后天累积的经验、与周围环境的相互作用，以及有意识和潜意识构成。不少人认为自己是一个多种类型混合成的矛盾体，但是专家认为"万变不离其宗"，你一定是以"本我"为核心的，也就是每个人的个性中一直保留着恒定的偏好，无论时间如何流动，它们都保持着本质的稳定。

性格偏好，意味着你以某种方式做事的天生爱好。就像你的左右手。你每天都要使用自己的两只手，但出于本能，你一定偏好使用其中的一个，因为它能更加自如、更充分地发挥和协调它的功能。当然，你也可以用不很擅长书写的那只手写字，但你会感到别扭、费力，而且写出来的字也不如另外一只手。

如果你发现自己处在不适宜的管理职位上，或者认为某个职业不适合自己，通常是因为职业角色的要求和你的个性偏好不相匹配。为了有效行使职能或做好这份工作，你常常会改变自己已定型的性格定位，这便带来焦虑和紧张。举例来说，一个内向的人需要在一个大型演讲会上发表演说，或者一个急脾气的人要扮演员工关系协调者的角色，这都会让他们感到紧张或将工作搞砸。由于性格偏好与职业角色的要求不协调，个人潜能便不能有效发挥，工作表现自然不尽如人意。

　　由此看来，性格与职业的选择、成功有着密切的关系。如果你能辨别自己的性格偏好，并力图使之和职业角色的要求相互匹配起来，那么你一定会在工作中保持和加强你的优势，控制和减少你的劣势，职业表现肯定强于别人！如果你想取得职业的成功，首先要理解、认清自己的性格偏好；其次是明确在哪种环境下工作，你能最大限度地发挥自己的个性优势；从事什么类型的工作，能让你的"本我"个性与职业个性融为一体……

　　假设你是位出色的销售经理，具有随和、易与人交往、工作努力等特点。由于工作表现出众，被公司提升为高级营销经理，每天面对的工作也从原来的销售队伍管理、客户拜访转变为区域数据分析、市场调研计划和广告促销活动策划等。同事和朋友很羡慕你的新职位，但你却可能感到新工作非常枯燥，宁愿走访客户。出现这种情况，显然是公司和你都没能弄清销售人员和营销人员是两种截然不同的职业，角色的要求存在着很大的差异。

　　从专业角度而言，营销经理的任务是从公司长远的营销战略出发，寻找、确定市场机会，制定营销策略、规划和组织新产品或服务上市，确保销售活动达到预定的目标；而销售人员则是负责实施新产品进入市场和促进、维持销售活动。因此，营销人员大多具有以数据为导向的个性偏好，擅长规划远景蓝图，善于洞悉客户需求与行为间的关系，但销售人员的缺点是短期行为多，无整体战略性和缺乏整体分析能力。尽管相当部分的营销人员来自销售队伍，但不是所有的销售人员都能胜任营销人员的职业角色。

其实，在不少领域里，你我往往缺少天分，毫无才干及能力，连勉强完成某项任务都不容易，这时，你就应该避免选择这些领域内的工作。对于无能为力的领域，还是不再徒耗心力为好，毕竟，从"毫无能力"进步到"马马虎虎"要耗费的时间与精力远比从"表现突出"到"卓越境界"所需的多得多！

性格外向的人乐于与人交往，喜欢与其他人互相交流，他们善谈，在职业中能够充分利用其人际交往的能力；另外，他们以行动为导向，乐于在公众场合表现自我。如果让他们花时间独处，或者独自完成工作，很快会变得疲惫不堪、烦躁不安和精神沮丧。而内向的人，则沉静、保守，喜欢独自工作，一次只能关注一件事。因此，性格外向的人可以胜任销售经理、客户服务、公共关系、演员等工作，而内向型人群则很难满足这类职业角色的基本要求。

总之，性格与职业成败有着密切的关系。理解、认清自己的性格偏好，找出自身的优点、缺点，并且学会在工作中扬长避短，才能促使自己在职业竞争中表现卓越。

第7章

[你以为你以为的就是你以为的吗]
——行为心理学

　　语言是靠不住的，因为人可以操纵语言，说出谎话。人的动作却不会做假，只会反映内心的真实想法。因此，如果我们能了解身体动作所代表的含义，就能读懂别人隐藏的心思；如果能掌握通过动作读取别人内心的技巧，便可以消除人际关系中的种种烦恼。

为什么 狗屎状的冰激凌让人难以下咽

你和两个朋友看完了一场电影，你认为这部电影简直就是一堆垃圾，根本就没有什么欣赏的价值，你的一个朋友则认为这部电影笑料十足，是一部非常不错的喜剧电影，你的另一个朋友对于这部电影则无动于衷，认为没有必要去评价些什么。对于同样的事物，为什么人们会产生形形色色的观点，甚至有的观点还是严重对立的？这个问题涉及的便是心理学中的态度理论，即人们的价值观和道德观是如何形成的。

经典条件反射理论便是阐述态度理论的一种观点，该观点认为，态度对象（条件刺激物）与引起积极或消极情绪的事件（无条件刺激物）之间的重复的、系统的联系，可以产生对该对象的积极或消极的态度。比如说，纳粹分子这个词通常与恐怖罪行相联系，人们对于纳粹分子一般都深恶痛绝，便是因为人们把纳粹分子与恐怖罪行联系了起来。

诺贝尔奖金获得者、俄国生理学家伊凡·巴甫洛夫（Ivan Pavlov，1870—1932）最早提出经典性条件反射。他在研究消化现象时，观察了狗的唾液分泌，唾液分泌量的有无和多少可以体现出狗对食物的反应特征。巴甫洛夫的实验方法很特别，他把食物显示给狗，并测量其唾液分泌。在这个过程中，他发现如果随同食物反复给一个中性刺激，即一个并不自动引起唾液分泌的刺激，如铃响，狗就会逐渐"学会"在只有铃响但没有食物的情况下分泌唾液。一个原是中性的刺激与一个原来就能引起某种反应的刺激相结合，而使动物学会对那个中性刺激作出反应，这就是经典性条件反射的基本内容。

巴甫洛夫将自己的研究成果公布后不久，一些心理学家，如行为主义学派的创始人华生，开始主张一切行为都以经典性条件反射为基础。虽然在美国这一极端的看法后来并不普遍，但在俄国以经典性条件反射为基础的理论在心理学界相当长的时间内曾占统治地位。无论如何，人们一致认为，相当一部分的行为，用经典性条件反射的观点可以作出很好的解释。

借助经典条件反射理论，巴甫洛夫解释了学习行为，他认为"所有的学习都是联系的形成，而联系的形成就是思想、思维、知识"。他所说的联系就是指暂时神经联系。他说："显然，我们的一切培育、学习和训练，一切可能的习惯都是很长系列的条件的反射。"

人的态度形成同样遵从经典条件反射理论，比如，假如把美味的冰激凌做成了狗屎的样子，不论你多么喜欢吃冰激凌，面对这个狗屎状的食物，你也多会扔在一边。

人们为什么选择世界名胜为目的地

一致性理论是由查尔斯·埃杰顿·奥斯古德和坦南包姆于1955年提出的，指的是当信息源提供对某件事的看法时是否会引起态度改变的问题。

一致性理论认为，人对周围各种人和事物由于不同评价而有相同或相异的态度。这些态度之间可以是互不相干而独立的，比如，一个人既喜欢自己的朋友，同时也喜欢看美国电影，但如果态度对象中的一方发出有关另一方的信息，如朋友表示喜欢或者不喜欢美国电影——朋友则成为信息源，对美国电影的评价则成为信息对象，两者以及有关两者的态度之间就有了关联。如果这个人对两件事都持有一样的态度，他就会感到愉快，无需改变原态度；而假如朋友表明他不喜欢美国电影，这时人就会体验到冲突、不安或不快。

为达到心理上的一致与和谐，人便会从内部产生动力，驱使他去调整对两件事的态度，或者放弃对朋友的感情，或者与朋友一样，同样拒绝美国电影。一般而言，人在调整自己的态度过程是迅速完成的，自己往往并不能并不明确意识到。

一致性理论涉及三个变量：

（1）个人对信息源的态度；

（2）个人对信息源所评论的事件的态度；

（3）信息源对于这个概念的论断性质。

这一理论概括起来就是：如果我们喜欢的信息源提出了我们赞同的看法，他的论断将符合我们的参照点；如果我们喜欢的信息源提出了我们不赞同的看法，或者我们不喜欢的信息源提出了我们赞同的看法，那么他的论断将不符合我们的参照点。体验到不符合的人就会改变其对信息源或者信息源所评价的事的态度。

按照一致性理论的观点，也可以解释人们在旅游时，为什么总会选择一些知名旅游地点为目的地了，这是因为那些知名的旅游地点为游人提供的服务具有品质保证，它们为游人提供的愉快和便利是可以预见的，一般而言，在这些知名旅游景点，人们遭遇不愉快经历的风险是很小的。

为什么有的人会毕生从事不喜欢的工作

认知失调理论最早由费斯廷格（Leon Festinger）于1957年提出，该理论认为当两种认知或认知与行为不协调时，为了保持一致，人们将会改变自己的态度。在费斯廷格看来，所谓的认知失调是指由于做了一项与态度不一致的行为而引发的不舒服的感觉，比如你本来想帮助你的朋友，实际上却帮了个倒忙，这便会让你产生内疚的情绪。一般而言，人们的态度与行为是一致的，比如你与你喜欢的人一起从事很多活动，对于那些你不喜欢的人，你则爱理不理。但有时候态度与行为也会出现不一致，比如一个人认为吸烟有害身体，暗暗告诫自己一定不要吸烟，但是有一次，这个吸烟的反对者却与同事一起吸了烟。当态度与行为不一致时，常常会引起个体的心理紧张，为了克服这种由认知失调引起的紧张，为了减少自己内心的不舒服感，这个人便为自己的吸烟行为找了一个"合理"的理由：与同事一起吸烟，有助于让自己得到同事的认同，可以为自己带来和谐的职场关系。

关于认知失调理论，费斯廷格做过一个著名实验，让三组被试者从事重复乏味的作业一个小时，然后让第一组被试者向其他人说明作业的情况，让第二组和第三组被试者把作业说成有趣好玩的，第二组和第三组的唯一区别是，第二组的被试者获得了1美元，第三组被试者获得了20美元。最后，问这三组被试者对作业的态度。

实验结果显示，第一组被试者表示出最消极的态度，但是第三组被试者比第二组被试者表示出更消极的态度，实际上只有第二组被试者对作业表示出积极评价。对于第二组和第三组之间所表现出的差别，实验者认为，第二组被试者只得到了1美元，他们认为为了1美元的报酬撒谎显然说不过去，这时，第二组被试者便出现了认知失调，为了消除这种失调，第二组被试者便改变了自己对于作业的态度，对于作业给予了正面的较高的评价。而第三组被试者获得了20美元，20元钱的报偿足以诱使被试者说出与自己体验相反的话，他们没有感到高度的认知失调，所以他们没有改变自己的评价，仍然认为作业十分枯燥乏味，自己只不过是为了钱而向其他的人撒谎罢了。

在现实的事业选择中，有的人毕生所从事的工作并不是自己喜欢的，甚至是十分厌恶的，但是他们仍然为这份工作付出了大半生的时间，其中的一个原因很可能就是，这份工作薪水比较高，获得不菲的薪水不会导致他们出现认知失调，由于具备高薪这个诱因，他们便会认为接受自己所厌恶的工作是理所当然的。

为什么人们总是难以承认自己的错误

古书教导我们：知错能改，善莫大焉。然而，虽然很多人也知道这个道理，但是当真正成为当事者后，即使他们明知自己先前的观点是错的，也很难说一句："我错了。"为什么开口承认自己的错误如此困难呢？为什么放弃那些公开表达的观点这么不容易呢？

原来，与在公众面前没有公开讲出来的观点相比，一个公开的观点更难以改变，心理学中把这种现象称为合法化效应，也称公开化效应。阿希是最先对这种现象作出研究的心理学家，他在实验中发现——如果被试者在一开始就说出了与团体的观点相对立的意见，即使后来团队对某一个客体作出了正确的评价，他们仍然倾向于捍卫自己的意见。其后的多次实验表明，一种观点在它被公开地说出后，往往就会合法地得到加强，也就很难再改变。

心理学家杰拉德（B.Gerard）曾就此提出过一个假设，他的观点是，一旦某个被试者对团体的意见持相反的立场，哪怕后来团队作出了正确的评价，被试者也不会改弦易辙，仍然站在团体的对立面，千方百计捍卫自己的观点。杰拉德给出的解释是，之所以会出现这种情况，是由于个人已经公开采取了与团体相反的立场，这便迫使个人不得不坚持到底，甚至不惜故意刺激团体，说一些明显错误的评价意见。

观点合法化效应，已经在许多实验中得到了证明。要让被试者改变他们所隐蔽着的观点，这比要他们改变那些合法化了的，在社会面前公开说出自己的观点，容易得多。可见，观点合法化势必加强一个人的定势。一个人的定势和观点在社会公开后，这种情况势必加强这个人信守这种观点的心情。

那么，为什么会产生合法化效应呢？一般而言，有如下三个方面的原因：

（1）出于维护自尊心的需要。维护自尊是人的自发的举动，一旦自尊心受到破坏后，人们便会千方百计地进行维护。一个人说错话、公开表达某一观点后，即使知道自己观点错了，与群众或周围人不同，他为了维护自己的自尊心，就会坚持自己的错误观点，并尽力使其合法化，能自圆其说。可见，一个人为了不失自尊心、不失面子，就会产生合法化效应。

（2）受到了虚荣心的操纵。有些人公开表达自己的观点后，明明知道这个观点是经不起推敲的，在随后的日子中，也意识到自己错了，但是为了维护自己的权威，也会百般狡辩，不愿承认自己的错误。

（3）如果在公开的场合表达自己的意见的时候，在场的人数较多，一些重要的、可对观点表达者产生影响的人物在场的话，观点表达者也更容易发生合法化效应。

为什么 密室总会有好奇的闯入者

古希腊神话有这样一个故事，宙斯给了潘多拉一个密封的盒子，让她送给娶她的男人。普罗米修斯深信宙斯对人类不怀好意，告诫他的弟弟埃庇米修斯不要接受宙斯的赠礼。可他不听劝告，娶了美丽的潘多拉。潘多拉被好奇心驱使，打开了那只盒子，立刻里面所有的灾难、瘟疫和祸害都飞了出来。心理学把这种"不禁不为、愈禁愈为"的现象，称为"潘多拉效应"。

如果宙斯当初送给潘多拉盒子时，便告诉她盒子里装的是什么以及为什么不能打开的原因，想必潘多拉很可能就不会打开那个魔盒。当人们被禁止采取某个行为、又没有被提供给可以接受的理由时，人们多会逆道而行，在好奇心理和逆反心理的操纵下，做一些被禁止的事情。

倘若想避免潘多拉效应，便要在要求人们做什么或者不做什么的时候，给予对方充分的、合理的解释，否则，单纯的禁止只会引起人们各种各样的疑虑、揣度、猜测，并为探究为什么不许做而跨越禁区，结果人们毅然决然地犯禁，与禁令发出者的期望南辕北辙。

在武侠电影中，常会出现这样的情节，一个密室或者房间被规定为禁区，不准人们进入，结果反而让很多的好奇者闻讯而来，他们千方百计地进入密室，想一窥究竟，看看里面到底隐藏了什么样的秘密。对于秘密，人们有一种天生的获知欲，这也正是"潘多拉效应"产生的根本原因。

波利菲尔桥上的自杀之谜

波利菲尔是一座位于伦敦附近泰晤士河上的大桥，这座大桥非常有名，但是它的声名远扬并不是因为桥的设计和外观，而是因为每年都有很多人在这里投河自尽，人们常说这座桥上不时地有幽灵出没。

由于自杀者的数目太惊人了，伦敦市议会向皇家医学院的研究人员寻求帮助，希望他们能破解自杀之谜。研究人员进行了一番研究后发现，原来自杀和桥的颜色有很大的关系，桥的黑色把失意的人们引至了这里。研究人员建议伦敦市议会把桥身的颜色换成绿色。市议会听从了研究人员的建议，彻底把黑色的大桥涂成了绿色。结果，当年跳桥自杀的人就减少了56%。

为什么当桥的颜色从黑色变成了绿色后，自杀率就下降了那么多呢？原来色彩与人的心理有着微妙相关的联系。

心理学家发现，不同的颜色会引发人们产生不同的联想。比如，看到蓝色我们会想到天空，看到红色会想到血液，看到绿色会想到草地……而这些不同的联想，就造成我们对不同颜色的感觉。当我们看到一种颜色的时候，除了颜色本身，我们还会感受到冷暖、远近和轻重，这就是心理上的错觉。通过联想，色彩也就影响了我们的情绪。

现在我们可以解释为什么黑色的大桥会激发人自杀的欲望了。黑色本身给人的感觉就是黑暗、肃静、消沉，进而造成心理上的压抑。而这种压抑，正好对那些想自杀的人起到了催化剂的作用，让他们的绝望之心更加严重。于是，在主客观双重暗示下，那些人从大桥上纵身跳了下去。而当黑色换成了绿色，桥对人的心理造成压抑的成分就消失了，绿色代表的是生机和希望，无形中就打消了想自杀的人的压抑和悲观的情绪。

一般而言，每个人都有自己所偏好的颜色，而根据一个人所喜欢的颜色，可以大致判断出这个人的性格：

白色：象征着纯洁。既无比高尚，又充满幻想。如果你喜欢白色，这说明你一定是个志向高远的人，不论对恋爱还是事业，都抱有很高的理想和追求，而且多半是个完美主义者。喜欢白色的人会向着自己的目标不懈努力；

黑色：与白色相反，喜欢黑色的人往往对生活充满忧郁，感觉事事不顺心，愁绪满怀；

灰色：喜欢这种颜色的人能明辨是非，但疑虑重重，他们往往在深思熟虑之后才采取某项决定。喜欢灰色的人做事一般都比较低调；

红色：中国人喜爱的传统颜色。但从心理学角度看，喜欢红色的人也是容易激动、做事勇敢、坚强、威严、暴躁的人；

棕色：有稳定生活来源的人喜欢这种颜色，珍惜传统和热爱家庭的人也倾心于棕色，自尊心很强的人对棕色的反应是激动和兴奋；

黄色：喜欢黄色的人为人比较随和，善于交际，另外对任何事都充满着不知疲倦的好奇心，创新能力强；

紫色：喜欢紫色的人感情充沛，情趣高尚；态度温和，责任心强，很多实实在在生活的人不喜欢紫色；

蓝色：他们的性格平静、沉着，喜欢有条不紊，喜欢思考。他们坚毅、平易近人的性格会得到孩子的尊重。他们天生不自私，只要有人请求帮助，他们便会伸出援助之手，而他们自己，哪怕是在最困难的情况下也不愿求助别人；

绿色：天然之色，春天之色，生存之色。喜欢绿色的人害怕别人的影响，情绪很容易发生波动；

粉红色：生命之色。喜欢粉红色的人多愁善感，心灵敏感而易受伤害。不过，他们总是努力隐藏委屈。这种人天生是优秀的协调家，他们可以很好地感受到周围人的不满情绪，并能努力改善它，但他们也容易抑郁。

为什么 迈克尔·杰克逊把自己比作永远长不大的孩子

迈克尔·杰克逊是无可置疑的天王巨星，在音乐世界，他收获了巨大的成功，他的粉丝超越了国界、超越了种族、超越了信仰，有无数的人迷恋他那魔幻般的舞步，甚至把他视为精神领袖。然而这个在流行音乐界呼风唤雨的大人物却饱受精神心理方面的困扰。杰克逊的精神困扰与其成长经历密切相关，当他还是孩子的时候，便被父亲逼着在社会演出挣钱，他的童年几乎与快乐无关，甚至连生日和圣诞节都从未庆祝过，这种独特的成长经历导致杰克逊出现了某些"怪异"的行为，如果用心理学知识注解他的这种怪异的话，那便是"彼得·潘综合征"。

彼得·潘是著名的童话人物，他永远生活在梦幻般的"永无乡"里，永远也不想长大。而彼得·潘综合征的患者就是这个童话人物的现实版。1983年，美国心理学家丹·基利撰文描述了彼得·潘综合征的患者："这类人渴望永远扮演孩子的角色而不愿成为父母。"通常来说，彼得·潘综合症患者很爱玩也很好相处，但免不了也有不少孩子的弱点，如优柔寡断、缺乏自我保护意识、渴望被人接受又害怕被人拒绝等。因此他们的行为同年龄很不相称，大多数情况下这无伤大雅，但总有一天，等他们突然明白生活原来并不如想象中那么称心如意时，已经太晚了。也就是说，彼得·潘综合征的患者多是青年人，他们害怕面对现实世界的激烈竞争，渴望回到儿童世界，依赖他人，畏惧承担责任。这类患者多是生长在过分保护的家庭环境中，可以说是这种过分保护的家庭教育导致了他们的不成熟感。解决这种病症的最好办法就是迫使他们直面现实。

迈克尔·杰克逊曾经默认了自己是彼得·潘情结，他这样说："我觉得自己只有4岁，我是彼得·潘。"为了补偿童年所不能得到的一切，当他有足够财力的时候，根据童话《小飞侠彼得·潘》所描绘的场景，斥巨资在加州圣巴巴拉建起了一个属于他和孩子们的"梦幻乐园"。杰克逊定期邀请患病和癌症儿童，以及各国的穷苦儿童免费到庄园游玩。他觉得和孩子们在一起的世界，没有嫉妒、猜忌和仇恨，是人生最快乐的享受。

由于迈克尔·杰克逊总把自己比作那个童话中永远长不大的孩子——彼得·潘，当这个天王巨星与这个世界告别的时候，美国《时代》周刊等媒体在报道他的死讯的时候，采用了这样的标题——"彼得·潘走了"。

目击证人的记忆：证人真的陈述了事实的真相了吗

在刑侦电视剧中，我们常会看到证人在法庭上这样起誓："我以我的人格及良知担保，我将忠实履行法律规定的作证义务，保证如实陈述，毫无隐瞒。如违誓言，愿接受法律的处罚和道德的谴责。"因此，对于"证人"这个字眼，我们便把其解读为提供客观证据的人，当然被利益集团和个人所收买的作伪证的人除外。然而，心理学研究证明，很多证人提供的证词都不太准确，或者说是具有个人倾向性，带有个人的观点和意识。

心理学家洛夫特斯和同事对目击证人的记忆进行了研究，他们发现，目击证人对于所看到信息的记忆很容易被事后信息所歪曲。在一项研究中，他们给被试者看一个关于车祸的电影，然后让被试者估计车的行驶速度。对于第一组被试者，实验者进行如下提问："当两辆车相撞时，它们开得有多快？"当这样提问后，这一组被试者估计车速超过了40公里/小时；对于另外一组被试者，实验者这样问被试者："两辆车接触时，它们开得有多快？"结果，这一组的被试者给出的答案为"30公里/小时"。大约一个星期后，实验者分别问两组被试者："你是否看到了玻璃碎片？"事实上，影片中根本没有玻璃碎片出现，然而，结果却很让人诧异——第一组的被试者有三分之一的人声称他们看到了碎片，第二组被试者只有14%的人说他们看到了玻璃碎片。这项实验证明，看到事件后的信息对于目击证人的报告有潜在影响。

此外，另有心理学家研究证明，证人对他们的证词的信心并不能决定他们证词的准确性。心理学家珀费可特和豪林斯让被试者看一个简短的录像，是关于一个女孩被绑架的案件。第二天，让被试者回答一些有关录像里内容的问题，并要求他们说出对自己回答的信心程度，然后做再认记忆测验。接下来，使用同样的方法，让被试者回答一些一般知识问题，这些问题来自百科全书和通俗读物。

珀费可特和豪林斯发现，在证人回忆的精确性上，那些对自己的回答信心十足的人实际上并不比那些没信心的人更高明，但对于一般知识来说，情况就不是这样，信心高的人回忆成绩比信心不足的人好得多。

对于上述实验，心理学家给出了如下解释：通常来说，人们对于自己在一般知识上的优势与劣势有自知之明，这是因为一般知识是一个数据库，在个体之间是共享的，它有公认的正确答案，因此被试者可以自己去衡量。比如，人们会知道自己在体育问题上是否比别人更好或更差一点。但是，目击的事件不受这种自知之明的影响，比如，从总体上讲，人们不太可能确切知道自己比记忆事件中的某个人的头发颜色更好还是更差。

通过上述分析可以得知，即使证人在法庭上主观上认为他们已经提供了事实的真相，但是某些时候，这种真相已经是被证人的记忆所加工过的"伪真相"。

月曜效应：为什么会出现"假期综合征"

很多人都曾经遭遇过"假期综合征"，当尽情尽兴地享受了一个周末后，本以为经过两天的休息能够以更好的状态投入工作当中，然而再次开始工作时，反而感觉萎靡不振、无精打采，身与心都无法投入工作当中。在心理学中，这种现象被称为"月曜效应"——由于周末的休息扰乱了人们的正常生活起居和工作秩序，导致人们工作意志下降、注意分散、精神不振，从而影响了工作的效率。在古代，"月曜"是星期一的另一个称谓，所以"月曜效应"又叫"星期一效应"。除了周末能带来月曜效应外，这种效应还体现在人们每天早晨开始工作时，当新的工作日来临时，人们总是需要花费不少的时间才能完全进入状态。

一般而言，当经过一段时间的休息后，人们本应该以更饱满的状态投入工作，然而月曜效应却颠覆了这一逻辑，为什么会出现月曜效应呢？原因有如下几个方面：

（1）当休息日来临时，人们常会利用这段时间从事很多悠闲轻松的活动，比如与朋友通宵达旦地聚会、进行短期旅游、彻夜投身电脑游戏等。当周一开始工作时，人们便需要从悠闲状态转换为紧张状态，然而人在重新开始工作或学习时，往往存在一个预热期或启动期，这便导致人们一时之间难以适应，无法实现状态的成功转换。

（2）根据叶杜二氏（Yerkes-Dodson）法则，唤醒与操作之间呈倒U形关系，也就是说，过高的唤醒水平与过低的唤醒水平都不利于人们开展工作。一般而言，每当星期一时，人们大多会接到较多的工作任务，这便要求人们需要具备较高的唤醒水平，然而事实上，人们主观上并没有达到这一标准，以致产生月曜效应。

（3）虽然名为"休息日"，但是人们并没有真正地让自己休息下来，反而从事了很多耗费体力与精力的活动，导致周一的工作细胞受到了抑制，出现了精神不振的状态。

个人空间：为什么人们乘电梯时常爱向上看

有一天，一个妈妈带着一个不到10岁的小女孩和往常一样乘电梯。乘电梯的人很多，妈妈仰头看着显示的楼层数，突然小女孩问道："妈妈，为什么乘电梯的时候人们都会仰着头往上看呢？"

电梯里的人听到了以后，四周看了一下，发现别人果然和自己一样，也都仰着头看着显示的楼层数。难道显示的楼层数有什么神奇的魔力吗？还是有什么不可思议的心理效应在背后起作用呢？

不只在电梯里面，在地铁里，我们也经常可以看到乘客们选择座位的情景。如果这是一节较空的地铁车厢，有很多座位可以选择，我们不难发现以下规则：最先上车的人会坐在长椅的两端，随后上车的人会选择中间的座位，接下来的人会坐在前两者之间的座位上。而且，当所有的人都坐好后，乘客之间的间隔是等距离的。这种现象表明，我们总是在尽可能地避免与他人的接触。

我们在自己的身体周围，划分了一个无形的领域，以此来确保自己的私人领域。这个领域就是"个人空间"，人们借此来保持彼此的距离，而且这个领域会随着人的移动放大或者缩小。当这个领域被固定下来时（比如自己的房间等），就形成了"地盘"。我们不会侵入别人的地盘，而且总是维护着先到先得的优先权。

当个人空间或地盘被侵犯时，我们就会产生压力，并会想方设法采取行动消除这种压力。逃避—退避行为就是其中之一，如果地盘受到侵犯，我们一般会躲到个人空间里。比如，我们在拥挤不堪、不能保证个人空间的情况下，也会尽量不和他人发生接触——在拥挤的电梯里，不看他人，而是看显示的楼层数。在这种逃避行为中，我们把他人当作无生命的物体，借此来缓解压力。但有时我们在个人空间被侵犯、无法躲避时，会转为攻击——拥挤车厢内发生的乘客吵架事件就是其中之一。

同样的道理，我们在乘电梯时往上看的行为与我们的"个人空间"也有着很大的关系。一旦有人闯入我们的个人空间，我们就会感觉不舒服、不自在。

个人空间的大小因人而异，但大体上是前后约0.6~1.5米，左右约1米。据调查数据显示，女性的个人空间比男性的大，具有攻击性格的人的个人空间更大。在拥挤的地铁中我们会感觉不自在，就是因为有人进入了自己的个人空间。

电梯是一个非常狭小的空间。在电梯中，人与人的个人空间出现了交集，也就是说互相感觉到对方进入了自己的个人空间，所以会感到不舒服，都想尽早离开电梯这个狭窄的空间，向上看正是想尽快"逃离"这个狭小空间的心理表现。

此外，盯着显示楼层的数字看，不只是为了确认是否到了自己要去的楼层。当我们急于离开这个狭小空间时，不停变换的数字能让我们感到电梯在移动，让我们感觉到自己是在向"解放"前进，从而缓解焦急的心理。

生活中这样的例子很多，比如：下班后，你感到特别疲倦。在公交车站等车时，你特别盼望上车后能有个位子坐一坐。车来了，幸运的你一上车就看到有空位子，只是都在公交车的最后一排，而且，在第一和第五个位子上已经有两个陌生人坐好了。那么，通常情况下，你会选择坐在哪个位子上呢？是的，你会选择坐在第三个位子上。你正在图书馆里看书，周围没有什么人，这时突然有一个陌生人坐在了紧靠你身边的位子，你会觉得这个人有点奇怪，明明有那么多的空位子，干吗非要坐在我的身边呢？你一下子觉得别扭起来，不能再像刚才那样专心地看书了，甚至你的防御系统也不由自主地启动了，干脆你就换了一个座位。

当然，对个人空间的需要没有绝对的意义，需要的个人空间大小和我们对侵犯的反应取决于特殊的环境。在马路上，即使行人很多，空间很小，你仍不会在乎别人是否离你太近，觉得这是合情合理的事。相反如果在一个盛大的宴会上，别人都给你留有很大的空间像是在躲着你，你反而会觉得不安，你希望与人亲密地交谈，友好地接触。这样看来，人们确实需要个人空间，但并不是在任何情况下都对这个空间那么敏感。

社会促进：为什么与朋友一起减肥会获得更好的效果

减肥是一件苦差事，是一场艰苦卓绝的毅力与惰性之战，对于那些意欲减肥的肥胖人士，减肥忠告常包含这样一条：与你的朋友一起减肥，你会获得更好的减肥效果。其实这句忠告并不是泛泛而谈，从心理学的角度来看，具有很大的科学性。

在心理学中，有一个名词叫做"社会促进"，也称"社会助长"，指个体完成某种活动时，由于他人在场或与他人一起活动而导致行为效率提高的现象。"他人在场"有三种形式：实际在场、隐含在场以及想象在场。19世纪末，心理学家特里普利特对社会促进现象进行了研究，他通过对三种条件下自行车竞赛成绩的测量，发现个人单独骑自行车的速度要比一群人一起骑自行车的速度慢20%。后来，他又以一群10～12岁的儿童作为实验对象，让他们进行卷线操作，发现团体卷线比单独工作的效率高10%。他根据这两个实验得出结论：团体工作效率远比个人工作效率高。

美国社会心理学家扎云克提出"社会促进的驱力水平理论"，对社会促进现象作出了解释。该理论认为他人在场时，可以提高个体的驱力水平。驱力水平的提高可以使人的优势反应更易于表现出来，如运动员在体育竞赛条件下大多能提高效率。扎云克的理论还认为，如果作业活动是复杂的、生疏的和技术性的，就会因为他人在场导致驱力水平的提高而降低工作效率。这是与社会促进相反的另一种现象，叫作社会抑制或社会促退。比如，当人们学习新行为或者正在从事复杂的智力活动时，如果有他人在场，将会导致学习效率降低，然而，随着个体重复操作复杂反应训练，使其变为个体熟练的优势反应后，则会出现社会促进现象。

针对社会抑制现象出现的原因，有人提出了"分心—冲突模型"。该理论认为他人的存在之所以会降低其工作绩效，是因为此时引起了个体两种基本倾向之间的冲突——即人们既不自觉地会注意周围观众或者与自己一起参与活动的人，又试图把注意力转移到自己不熟悉的活动中——这便导致个体分心，无意识中影响了工作绩效。

关于社会促进现象，有如下两种效应。

1. 结伴效应

在结伴活动中，个体会感到某种社会比较的压力，从而提高工作或活动效率。

2. 观众效应

个体从事活动时，是否有观众在场，观众多少及观众的表现对其活动效率有明显的影响。

针对减肥这项活动，加入一个群体，会更有助于个体减掉体重，就是因为"结伴效应"发挥了正面的效用。

库里肖夫效应：电影是怎么拍成的

电影导演列夫·库里肖夫为了弄清楚蒙太奇（注：蒙太奇就是根据影片所要表达的内容和观众的心理顺序，将一部影片分别拍摄成许多镜头，然后再按照原定的构思组接起来）的并列作用，从某一部影片中选了演员莫兹尤辛的一个特写镜头，这个特写没有任何表情。然后，库里肖夫把这个镜头与其他影片的小片段连接成三个组合。在第一种组合中，特写后面紧接着一张桌上摆了一盘汤的镜头；第二个组合是莫兹尤辛面部的镜头与一个棺材里面躺着一个女尸的镜头紧紧相连；第三个组合是这个特写后面紧接着一个小女孩在玩着一个滑稽的玩具狗熊。库里肖夫把这三种不同的组合放映给观众看，结果看了三个组合的观众都对演员的表演大为赞赏，观看第一个组合的观众从那盘忘在桌上没喝的汤，看出了莫兹尤辛的沉思的心情；观看第二个组合的观众则看到演员沉重悲伤的表情，并且也感到非常感动；而观看第三个组合的观众却看到了演员轻松愉快的微笑，一起跟着高兴起来。因此，库里肖夫认识到造成观众情绪反应的并不是单个镜头的内容，而是几个画面的并列：单个镜头只是电影的素材，蒙太奇的创作才是电影艺术！——这便是库里肖夫效应。

库里肖夫效应是一个关于认知的心理效应，说明人的认知并不完全依赖于单个场景或者单个元素，而且还取决于这些场景或者元素的连接顺序。比如，有这样三个片段，一个是一张微笑的脸，一个是一张惊恐的脸，另一个是对着一个人瞄准的手枪。如果我们按照先微笑的脸、继而瞄准的手枪、最后惊恐的脸的顺序将这三个片段连接起来，人们就会认为这个人是一个懦夫；然而，如果我们把顺序变换一下，按照如下的顺序连接片段：惊恐的脸、瞄准的手枪、微笑的脸，人们则会认为这个人很英勇。

正是由于人的认知存在库里肖夫效应，才使得电影导演在创作时有了充分的发挥空间。我们平时所看的电影，在创作的时候，制作者并不是按照事件的发生顺序拍摄镜头的，而是导演按照剧本或影片的主题思想，分别拍成许多镜头，然后再按原定的创作构思，把这些不同的镜头有机地、艺术地组织并剪辑在一起，使之产生连贯、对比、联想、衬托、悬念等联系，从而构成一个符合逻辑的故事。

巴克斯特效应：植物也有喜怒哀乐

对于大多数人而言，植物只是美化环境的装饰品，它们没有任何的主观情绪。然而，一位名叫克里夫·巴克斯特的专家却发现了植物的情绪，他通过实验证明，其实植物也有喜怒哀乐。人们把他的这一伟大发现命名为"巴克斯特效应"。

克里夫·巴克斯特是美国中央情报局的测谎仪专家，1966年2月的一天，他像平时一样为庭院里的花草浇水。在浇水的时候，他一时心血来潮，把测谎仪的电极连到了一株天南星科植物——牛舌兰（一种热带植物，大叶，小花，与棕榈相似）的叶片上，然后向它的根部浇水。当水从根部徐徐上升时，巴克斯特发现了一件十分令人震惊的事情，测谎仪的电流计并没有像预料中那样出现电阻减小的迹象，在电流计图纸上，自动记录笔记下了一大堆锯齿形的图形，这种曲线图形与人在高兴时感情激动的曲线图形十分相似。

这一发现让巴克斯特十分兴奋，随后他改装了一台记录测量仪，把它与植物相互连接起来。为了更好地研究植物的情绪，巴克斯特准备对植物实施一次威胁活动，用火烧植物的叶子。巴克斯特取来了火柴，在他刚刚点着的一瞬间，记录仪上再次出现了明显的变化。燃烧的火柴还没有接触到植物，记录仪的指针已剧烈地摆动，甚至记录曲线都超出了记录纸的边缘，这表明植物出现了强烈的恐惧表现。后来他又重复多次类似的实验。比如，当他假装要烧植物的叶子时，图纸上却没有这种反应。植物还具有辨别人真假意图的能力。

随后，巴克斯特和他的同事们在全国各地的其他机构用其他植物和其他测谎仪作了类似的观察和研究。他们对25种以上不同的植物和果树进行试验，其中包括莴苣、洋葱、橘、香蕉等，得到的是相同的观察结果。

巴克斯特还设计了这样一个试验：他当着植物的面，把几只活海虾丢入沸腾的开水中，当海虾被丢入沸水时，测试仪显示，植物出现了强烈的情绪刺激。试验多次，植物每次都有同样的反应。为了排除任何可能的人为干扰，保证试验绝对真实严谨，他用一种新设计的仪器，不按事先规定的时间，自动把海虾投入沸水中，并用精确到1/10秒的记录仪记下结果。巴克斯特在三间房子里各放一株植物，让它们与仪器的电极相连，然后锁上门，不允许任何人进入。

第二天，巴克斯特去看试验结果，发现每当海虾被投入沸水后的6~7秒钟后，植物的活动曲线便急剧上升。根据这些，巴克斯特指出，海虾死亡引起了植物强烈的反应，这并不是一种偶然现象。几乎可以肯定，植物之间能够有交往，而且，植物和其他生物之间也能发生交往。在美国耶鲁大学，巴克斯特曾当众将一只蜘蛛与植物置于同一屋内，当触动蜘蛛使其爬动时，仪器记录纸上出现了奇迹——早在蜘蛛开始爬行前，植物便产生了反应。显然，这表明了植物具有感知蜘蛛行动意图的超感能力。

为研究植物的记忆能力，巴克斯特将两棵植物并排置于同一屋内，让一名学生当着一株植物的面将另一株植物毁掉。然后让这名学生混在几个学生中间，都穿一样的服装，并戴上面具，向活着的那株植物走去，最后当"毁坏者"走过去时，植物在仪器记录纸上立刻留下极为强烈的信号指示，表露出了对"毁坏者"的恐惧。

巴克斯特的发现在世界上引起了轰动。美国加利福尼亚国际商业公司的化学博士麦克·弗格则认为这种研究有点荒诞可笑。他为了寻找反驳和批评的可靠证据也做了很多实验。当他做完一系列实验后，他却放弃了原来的怀疑，并改弦易辙支持巴克斯特的研究结果。因为，弗格在实验中发现，当植物被撕下一片叶子或受伤时，会产生明显的反应，而且还证明了植物具有感知人心理活动的能力。于是，麦克·弗格大胆地提出，植物具备心理活动，也就是说，植物会思考，也会体察人的各种感情。

第8章

[别为打翻的牛奶哭泣——快乐心理学]

快乐是一种心态，也是一种能力。具备快乐能力的人，面对不快乐的环境会调适自己，摆正心态，舒缓情绪，保持微笑；不具备快乐能力的人，即便身处快乐的环境，也是郁郁寡欢，愁眉不展，心事重重，面无表情。

"ABC理论"：你为什么不快乐

ABC理论是由美国心理学家埃利斯创建的，该理论认为激发事件A（activating event的第一个英文字母）只是引发情绪和行为后果C（consequence的第一个英文字母）的间接原因，而引起C的直接原因则是个体对激发事件A的认知和评价而产生的信念B（belief 的第一个英文字母），即人的消极情绪和行为障碍结果（C），不是由于某一激发事件（A）直接引发的，而是由于经受这一事件的个体对它不正确的认知和评价所产生的某种信念（B）所直接引起的。

简单地说，就是我们的情绪困扰不是来自所发生的客观事实，而是我们对这件事情所进行的解释。我们常有这样的体验，同一件事发生在不同的人身上，所带来的情绪体验往往是截然相反的。比如，两个人都遗失了100元，其中的一个人愤懑不堪，认为自己倒霉透顶，不开心的情绪持续了将近一天；另一个人则作出了无所谓的样子，用"丢财免灾"的理由安慰自己，这一意外丢钱事件几乎没有为他的情绪带来任何负面影响。

所以，决定我们情绪如何的前因并不是所发生的事情，而是我们对所发生的事情给予的解释，有这样一个故事：

有位秀才第三次进京赶考，住在一个经常住的店里。考试前两天他做了三个梦，第一个梦是梦到自己在墙上种白菜；第二个梦是下雨天，他戴了斗笠还打伞；第三个梦是梦到跟心爱的表妹脱光了衣服躺在一起，但是背靠着背。

这三个梦似乎有些深意，秀才第二天就赶紧去找算命的解梦。算命的一听，连拍大腿说："你还是回家吧。你想想，高墙上种菜不是白费劲吗？戴斗笠打雨伞不是多此一举吗？跟表妹都脱光了躺在一张床上了，却背靠背，不是没戏吗？"秀才一听，心灰意冷，回店收拾包袱准备回家。

　　店老板非常奇怪，问："不是明天才考试吗，怎么你今天就回乡了？"秀才如此这般说了一番，店老板一听就乐了："哟，我也会解梦的。我倒觉得，你这次一定要留下来。你想想，墙上种菜不是高种吗？戴斗笠打伞不是说明你这次有备无患吗？跟你表妹脱光了背靠背躺在床上，不是说明你翻身的时候就要到了吗？"秀才一听，觉得更有道理，于是精神振奋地参加考试，居然高中了。

　　由此可见，所有的事情都是中立的，它们没有任何祸与福的象征，如果你为某一件事情标注为负面的色彩，也就等于是为自己的情绪设定了负面的定位，从而很难快乐起来。

　　基于ABC理论，20世纪50年代，心理学家阿尔伯特·埃利斯在美国创立了合理情绪疗法，艾利斯宣称：人的情绪不是由某一诱发性事件的本身所引起，而是由经历了这一事件的人对这一事件的解释和评价所引起的。如果你想驱除坏情绪，便要放弃那些不合理的信念。一般而言，阻挠人们遇到良好情绪的不合理信念有如下这些：

　　（1）人应该得到生活中所有对自己是重要的人的喜爱和赞许；

　　（2）有价值的人应在各方面都比别人强；

　　（3）任何事物都应按自己的意愿发展，否则会很糟糕；

　　（4）一个人应该担心随时可能发生灾祸；

　　（5）情绪由外界控制，自己无能为力；

　　（6）已经定下的事是无法改变的；

　　（7）一个人碰到的种种问题，总应该都有一个正确、完满的答案，如果一个人无法找到它，便是不能容忍的事；

（8）对不好的人应该给予严厉的惩罚和制裁；

（9）逃避可能、挑战与责任要比正视它们容易得多；

（10）要有一个比自己强的人做后盾才行。

三大不合理的认知模式

基于"ABC理论"的观点，关于负面情绪的发生源问题，心理学家们认为多是由不合理认知模式所引发的。常见的三大不合理认知模式有：绝对化要求、以偏概全、糟糕至极。

1. 绝对化要求

所谓的绝对化要求，是指人们以自己的意愿为出发点，对某一事物怀有认为其必定会发生或不会发生的信念，它通常与"必须""应该"这类字眼连在一起。比如："我必须获得成功""别人必须友善地对待我""生活应该符合'好人有好报'的法则"等等。当产生这种信念后，人们极易陷入情绪困扰中——客观事物的发生、发展都有其特定规律，它们并不会对人的意志作出妥协。就某个具体的人来说，他不可能在每一件事情上都获得成功，他很难让所有的人都喜欢自己，同样，"好人有好报"的理论也很难在现实生活中得到求证。因此，当某些事物的发生与他们对事物的绝对化要求相悖时，他们的情绪就会变得非常负面，感到周围的一切让人难以接受，由于无法适应而使情绪变得非常糟糕。

2. 以偏概全

以偏概全是另外一种不合理认知模式，艾利斯（美国临床心理学家，

合理情绪行为疗法的创始人）曾说过，以偏概全是不合逻辑的，就好像以一本书的封面来判定其内容的好坏一样。

以偏概全包括两个方面的认知：

一是人们对自己的不合理的评价。当自己遭受失败后，便悲观地认为自己"一无是处""一钱不值""是废物"等。只是单纯通过自己在一件事或者几件事上的结果来评价自己，对于自己的能力和未来作出判断，这种认知方式常会导致人们产生自责自罪、自卑自弃的心理，以致情绪也变得焦虑和抑郁起来。

二是对他人的不合理评价，即别人稍有差错就认为对方品德不佳、一无是处等。当被人全盘否定后，个体便会理所当然地责备他人，甚至产生敌意和愤怒等负面情绪。按照艾利斯的观点来看，以一件事的成败来评价整个人，这无异于一种理智上的法西斯主义。他认为一个人的价值就在于他具有人性，因此他主张不要去评价整体的人，而应代之以评价人的行为、行动和表现。

3. 糟糕至极

糟糕至极是这样一种想法，即个体认为一旦一件不好的事情发生了，将会带来非常可怕、非常糟糕的结果，甚至引发一场灾难。怀有糟糕至极的信念后，将导致个体陷入极端不良的恶性情绪循环中，在这之中，耻辱、自责自罪、焦虑、悲观、抑郁等情绪交替或者同时出现。

当一个人认为糟透了、糟极了的时候，对他来说往往意味着碰到的是最最坏的事情，是灭顶之灾。艾利斯指出这是一种非常不合理的信念，因为对任何一件事情来说，都有可能发生比之更好的情形，没有任何一件事情可以定义为是百分之百糟透了的。当一个人沿着糟糕至极的思路想下去，认为遇到了百分之百的糟糕的事情时，便等于将自己引向了极端的、负面的不良情绪状态之中。

糟糕至极常常伴随着绝对化要求的认知倾向，即人们所认为的"必须"和"应该"的事情背离了他们的意愿时，他们就会感到无法接受这种现实，进而走向极端，认为事情已经糟到了极点。

人生一世，一些不如意的事情常会发生，尽管我们都不希望发生这种事情，但是上帝常常与人们开个恶劣的玩笑，让人们不得已去面对一些非常事实。这时，我们最好的选择就是接受现实、与困境共处，竭尽全力地去改善乃至改变我们的处境，如果自己无能为力改变些什么，便要学会与那些无常和平共处，乐观地生活下去。

为什么你会觉得在某一天坏事不断

你往往会将某一天视为自己的"倒霉日"，比如早晨闹钟突然出了故障，结果导致自己没有按时起床，你匆匆忙忙地起床后，意外地发现今天正好下雨，你在马路上打车时，平时空闲的出租车消失殆尽，你等了10多分钟才终于打上一辆出租车。当你到达公司后，发现平时只在下午才来的老板竟然已坐在了办公室里，而且还恰巧发现了你这个迟到者。于是，你便会感觉，这一天真是糟透了，简直是"屋漏偏遭连夜雨"，所有不好的事情都让自己遇到了。

然而真的有所谓的"倒霉日"吗？或许事实并不如此。在心理学中，有一种认知偏见叫作"证实性偏见"，认为人们总是过于关注支持自己决策的信息，即人们在主观上支持某种观点的时候，往往倾向于寻找那些能够支持原来的观点的信息，而对于那些可能推翻原来的观点的信息则忽视掉了。也就是说，人们普遍偏好能够验证假设的信息，而不是那些否定假设的信息，人们总是过于关注支持自己决策的信息。比如对于上述事例，当一个人因最初发生的一两件事情而将某一天视为自己的"倒霉日"后，便会格外关注一些"不好"的事情，通过这些"不好"的事情来证明自己厄运不断。但事实上，这一天很可能还发生了一些"好"的事情，如自己撰写的方案得到了老板的认可，一个客户打电话来说明他们愿意在合约上签字。但由于"证实性偏见"的存在，这些"好"的事情都被屏蔽掉了，只剩下了那些糟糕的事情——"倒霉日"的概念由此而来。

证实偏见是普遍存在的认知偏见，如果一个人讨厌某一位同事，便会下意识关注这名同事负面的人格素质和行为，用于证明这位同事确实不怎么样，导致这种不喜欢的情绪逐渐升级恶化，造成人际关系对立；如果一个人赞同某个观点，便会列出很多理由来证明这个观点的正确性，对于观点不合理的一面则视而不见。

要想摆脱恶劣的情绪，便要试着从"证伪"的角度发现事实，试着去寻找那些与自己负面态度背离的事实，这样才不会庸人自扰地认为自己是上帝的弃儿。

你能知道鱼的快乐吗

庄子和惠子是好朋友，有一天他们一同在濠水的桥上游玩。庄子叹道："鲦鱼出游从容，是鱼之乐也（这些鲦鱼游得多么悠闲自在，大概这就是鱼儿的快乐吧）！"惠子反问道："子非鱼，安知鱼之乐（你不是鱼，你怎么知道鱼的快乐是什么）？"庄子说："子非我，安知我不知鱼之乐（你不是我，你怎么知道我不知道鱼儿的快乐）？"惠子说："我非子，固不知子矣；子固非鱼也，子之不知鱼之乐，全矣（我不是你，固然不知道你；你也不是鱼，你不知道鱼的快乐，也是完全可以肯定的）。"庄子接着说道："请循其本。子曰'汝安知鱼乐'云者，既已知吾知之而问我。我知之濠上也（还是让我们顺着先前的话来说。你刚才所说的'你怎么知道鱼的快乐'的话，就是已经知道了我知道鱼儿的快乐而问我，而我则是在濠水的桥上知道鱼儿快乐的）。"

虽然从辩论的角度来看，与惠子相比，庄子的说辞更胜一筹。但是从心理学的角度来说，人们确实很难真正地知道鱼的快乐，如果一个人认为自己懂得了鱼的快乐，那不过是发生了"共识偏见"罢了。所谓的"共识偏见"，简单地说，就是人们不自觉地把自己的认识强加给别人的认知倾向。比如，A非常害怕孤独，她认为一个人过日子是一件非常恐怖的事情，因此她在23岁的时候便嫁给了一个自己不喜欢的男人，B则是一个奉行独身主义的女性，她在30岁的时候事业有成，但是却孑然一人，身边没有可以依赖的伴侣。当A遇到B后，A就会觉得B非常可怜，因为她认为"女人干得好不如嫁得好"，然而B却会认为A的人生十分无趣——没有事业，没有爱情——就像行尸走肉一样。总之，A和B都是以自己的思维意识去认知对方的处境，从而对对方的真实心理和情绪现状作出了不正确的判断。

在现实生活中，我们时常会产生共识偏见误差，我们用自己意识世界的规则去解释别人的世界，以致给对方作出了类似"像笨蛋一样""十足的傻瓜""毫不理性"的负面论断。比如，一个人欣赏了这样一部电影，电影里的主人公是一个投资高手，他在赚取了亿万财产之后却千金散尽，将它们全部捐给了慈善机构，自己则隐姓埋名，在一个不知名的小村落里过着简单的生活。如果一个人在欣赏这部电影的时候，正在汲汲于声名和财富，对于身居简陋房屋的生活感到痛苦不堪，很可能他便会对主人公的

行为作出如下判断：脑袋一定被驴踢了！

不可否认的是，与家人和朋友相处的时候，大多数人都希望对方的意见能与自己相同，一旦听到了与自己的判断不和谐的声音，便会抱怨理解的荡然无存，从而心情也变得恶劣起来。从心理学的角度来看，这时便出现了"共识偏见"，其实，世界之所以美丽便在于各种事物的各有千秋，有时候，放下偏执的自我，从对方的角度看待世界，你才能看到世界的另一种美。

"事后诸葛亮"是人类的共性

人们往往会认为自己在事前就可以预测到结果，其实他们未必可以如自己想象的那样准确地作出预测，这就是后视偏见，也就是人们常说的"马后炮"。在你的周围，常会出现这样的人，他们自得其乐地跟你炫耀自己如何料事如神："其实我早就料到最近一段时间某某公司的股票会大涨""某某刚刚谈恋爱的时候，我就知道那段感情长不了""房价的上涨趋势全在我的预料之内"……当然，你也可能在不自觉的状况下，"事后诸葛亮"般炫耀自己的预知。

当产生后视偏见后，对人们认知世界、获取经验、拥有和谐的人际关系有非常大的负面影响：

其一，如果一个人认为很多事件的结果都在自己预料之内，他便不会从中吸取经验，比如，当一个所投资的股票出现暴跌后，如果他认为自己当初已经预知到这个结果，只是因为反应迟钝而没有出手手里的股票，他便不会仔细分析自己投资失误的真正原因；

其二，如果一个人对自己的预知能力产生崇拜，甚至认为可以提前预测出他人的行为，这样便很难获得和谐的人际关系。举个例子，一天，你的朋友很沮丧地向你倾诉，告诉你对方遭遇了裁员危机，很可能将面临失业的危险，如果你过于高看自己的预知能力，不屑对对方说："我早就知道你们公司很难度过金融危机，当初你加入这家公司的时候，我就觉得非常不妥。"面对这种说辞，很可能的结果是，你的朋友再也不对你真心相对，因为你在炫耀自己的预知时，也无形中侮辱了对方的眼光。

当然，其实你往往没有自己所想象的那么有先见之明，这不过是一种认知偏见罢了。一个改变后视偏见的最简单易行的方式是，当一些重要的事情发生的时候，在你不知道事情结果的情况下，将你的判断写下来，并阐述你判断的缘由所在。因为你的记忆常常会欺骗你，当你在没有文本证据的情况下回忆事实时，你只会记起那些与事情的结果相符合的证据，那些不相符的证据则被你自动略过了。

为什么无辜的人总会成为"出气筒"

有一位父亲在公司受到了老板的批评，他气愤难耐地回家后，正好看到自己的孩子在沙发上跳来跳去，不由得把孩子臭骂了一顿。孩子感到非常委屈，就用身边的猫泄愤，狠狠地踢了一下猫。于是，猫逃到了街上，恰巧一辆卡车开了过来，司机赶紧避让，结果撞伤了路边的孩子。这便是心理学上著名的"踢猫效应"，形象地说明了坏情绪的互动感染，指出人的不满情绪和糟糕的心情，一般会随着社会关系链条逐级传递，由地位高的传向地位低的，由强者传向弱者，最终，无处发泄的最弱小者便成了恶劣情绪的牺牲品。

发生"踢猫效应"时，人们一般都会选择身边的亲密的人为发泄对象，因为这些人不太倾向于把恶劣情绪"转赠"于你，然而，这并不能说明，他们对你的发火无动于衷，其实，虽然他们采取了默默承受的态度，但是他们对你以及你们之间的关系却产生了失望的情绪——这种不良的人际互动自然会导致人际的疏离感、冷漠感，从而对你的心理造成潜在的伤害。

此外，"踢猫效应"也启示我们，有时候我们认为他人与我们所期望的行为相差甚远时，其实并不是因为对方的行为真的如你想象的那么让人难以接受，而是因为我们自身已经蓄积了恶劣的情绪，这种情绪无处发泄，导致我们不自觉地将其他人视为了泄愤对象。人们常会有这样的情绪体验，如果对某一天的职场生活非常满意，回到家后，便会觉得恋人非常体贴；而如果恰好某一天你被老板炒了鱿鱼，回到家后，恋人温暖的笑意也会被视为一种嘲笑，甚至悲观地认为恋人早已认为自己是个十足的笨蛋。

不可避免地，每个人都会遇到很多不如意的事情，但是客观事实是人们无法控制的一种存在，如果一个人学会了从容地控制自己的情绪，即使在面对生命的无常时，他也会是强大的一方。否则，一个人便会在恶劣情绪的蛊惑下，无形中伤害了自己生命中最爱他的人。

为了尽量不伤害那些无辜的人，我们便要学会克制自己的愤怒情绪。关于如何克制愤怒的情绪，一个小男孩的故事非常有启示意义。

从前，有一个脾气很坏的男孩，他经常和伙伴们吵架。有一天，他的父亲给了他一袋钉子，并且告诉他，每次发脾气或者跟人吵架的时候，就在院子的篱笆上钉一颗钉子。一周以后，男孩在篱笆上共钉了36颗钉子。后面的几天他学会了控制自己的脾气，尽量避免发脾气和别人吵架，每天钉的钉子也逐渐减少了。他发现，控制自己的脾气，实际上比钉钉子容易得多。终于有一天，他一颗钉子都没有钉，他高兴地把这件事告诉了父亲。父亲并没有表扬他，而是说："从今以后，如果你一天都没有发脾气，就可以拔掉一颗钉子。"男孩按父亲的话去做了，终于有一天，钉子全部被拔光了，他忙去告诉父亲。爸爸带他来到篱笆边上，对他说："儿子，干得不错！但是，篱笆上的这些钉子洞，永远也不可能消失。就像你和一个人吵架，说了些难听的话，就在他心里留下一个伤口，像这个钉子洞一样。"

不要轻易伤害那些爱你的人，因为插一把刀子在一个人的身体里，即使后来拔了出来，也会留下伤口，无论你怎么弥补挽救，伤痕始终会留在那里，无声地讲述着一个关于伤害与被伤害的故事。

你是什么，你看到的便是什么

你一定有过这样的体会，当你买了一件新衣服后，如果你发现正好有人穿了与你一样的衣服时，你便会感慨怎么有这么多人买了与你一样的衣服；如果你大龄未婚，偶遇了几个同样单身的高龄人士后，你就会觉得单身未婚的人士太多了……总之，对于那些你平时不怎么关注的东西，当你关注的时候，你会在不经意间发现一下子增加了很多。这种现象就是心理学中所说的"视网膜效应"，指的是当我们自己拥有一件东西或一项特征时，我们就会比平常人更多注意到别人是否跟我们一样具备这种特征。

"视网膜效应"也可以解释为：你所看到的世界，正是你内心世界的外在反映。假如你觉得这个世界都是抱怨的人，也许说明你平时便喜欢抱怨，如果你觉得周围的人脾气都很糟糕，很可能意味着你是一个脾气不太好的人。美国的戴尔·卡耐基先生很久以前就提出一个论点，那就是每个人的特质中大约有80%是长处和优点，而20%左右是我们的缺点。当一个人只知道自己的缺点是什么，而不知道发掘自己的优点时，"视网膜效应"就会促使这个人发现他身边也有许多人拥有类似的缺点，进而使他的人际关系无法改善，生活也不会快乐。

不妨环顾一下你生活的四周，你会发现，那些常常抱怨人性本恶的人，自身便是一位品德低下、脾气很坏的人；而那些认为周围的人都十分友好的人，他们自身便是与人为善的人。由此可见，我们心里的大部分忧伤其实是我们自己制造出来的，你之所以会产生失落、悲观、空虚、无助等消极的情绪，是因为你自身便充满着负面的事物。所以关于如何改变恶性情绪的命题，最终的落脚点是你自身，如果你试着让自己变得积极起来，你所看到的便会是一个十分可爱的世界，此时，你的不良情绪也便烟消云散了。

其实 你没有自己想象的那么重要

某一天，你换了一个新发型，改变了以往的穿衣风格，穿了一件以往从来没有穿过的蓝色裙子，当你走出家门以后，不论是在上班途中，还是进入公司的大门后，你都会感觉所有的人都在看着自己，都在对自己的外貌和穿着品头论足，这种现象便是心理学中所说的"焦点效应"。

"焦点效应"，也叫作社会焦点效应，指的是人们常常高估周围人对自己外表和行为的关注度。也就是说，人类往往会把自己视为一切的中心，并且直觉地高估别人对我们的注意程度。

关于焦点效应，心理学家季洛维奇曾经用实验验证过，在实验中，他让一名被试者穿了一件画有喜剧演员头像的T恤。然后以等候参加实验为借口，让这名被试者坐在其他另外五位穿普通衣服的学生中间。随后，实验者让被试者作出判断，让他估计一下那五位学生有几名注意到了他的T恤。被试者回答说大概50%以上的人。然而，事实上，当向那五位学生提问时，只有10%~20%的学生回答说注意到了被试者的穿着。

焦点效应常会导致人们过度关注自我，过分在意自己在公众场合的表现，为一些自以为是的小尴尬而懊悔郁闷，比如，你会为参加同学聚会时不慎把饮料撒在身上而懊恼不已，你会因为在一个Party上摔了一跤而感到万分尴尬，你也会因为在员工会议上回答不出老板的问题而恨恨不已。其实这种负面的心理不过是庸人自扰罢了，因为事实上很多人都没有留意到你所认为的窘态。

很多时候，都是我们对自己过分关注，并以此联想到别人也会如此关注自己。其实，这不过是"焦点效应"在作怪罢了，总觉得自己是人们视线的焦点，自己的一举一动都受着监控，这样就会让人产生社交恐惧。社交恐惧者总是"感到"在人群中大家都在关注自己。不自觉地高估自己的社交失误和公众心理疏忽的明显度。比如，一个人不小心触动了图书馆的警铃，或者自己是宴会上唯一一个没有为主人准备礼物的客人，他可能会非常苦恼。但是研究发现，个体所受的折磨别人不太可能会注意到，还可能很快会忘记。

如果你不是演艺明星，或者某个位高权重的人物，通常来说，其实你

没有自己想象的那么重要，在人群中，你所受到的关注也没有你想象的那么多。因此，你根本没有必要为自己在公共场合的失当之举而耿耿于怀，或者因为害怕他人评价而不敢尝试某件事情，因为不论你的表现是好还是坏，他人遗忘的速度总是快于你的想象，甚至转身以后，他们便不再记得你曾经做过什么。

哭不一定比笑差

随着我们渐渐地长大，形形色色的压力也接踵而来，升学压力、就业压力、业绩压力、社交压力、家庭压力……当面对这些压力的时候，有一种理论是：挺住，打死也不能哭！否则便说明你在向这个世界示弱，是一种弱者的表现。然而心理学证明，当一个人遭遇极大痛苦的时候，哭不一定比笑差，适当地释放反而有助于缓解不良的情绪。

英国诗人丁尼生在一首诗中记述了一件事：一位战士战死，有人将他的尸首带到他妻子面前。妻子见后发呆，强制告诉自己不能哭。丁尼生说："她必须哭，否则她将会死去。"但始终没有办法使她哭。后来一位聪明的奶娘将她的小孩带到她的眼前，看着失去父爱的孩子，妻子情不自禁哭了出来。她对孩子说："我亲爱的孩子，我将会为你好好活着。"通过一场痛哭，妻子强压的高度心理紧张得到了缓解，使其能够坦然地面对失去至爱的伤痛。

因哭泣而产生心情舒畅、避免不幸后果的现象，在心理学中有一个专有名词，称为"哭泣效应"。那么，为什么哭泣会产生积极的效应呢？原因有如下两方面：

其一，通过流泪能排泄出有害于人体健康的化学物质。在通常情况下，哭泣会扰乱人的生理功能，使呼吸失去规律，造成不规律心跳。有的人哭泣后会出现睡不好觉、吃不下饭的情况。不过，当人在遭遇到严重的精神创伤时，毫无顾忌地大哭一场，反而有利于人摆脱不良情绪。1957年，美国化学家布鲁纳西首先发现，动感情的眼泪与因洋葱刺激而流的眼泪，其化学成分是不同的。美国生物学家弗雷也认为，一个人在悲痛时流出的眼泪与因伤风感冒或风沙入眼流的眼泪，所含的化学成分是不同的。他们认为，人在悲伤时流出的眼泪是有益于健康的。也就是说，人在悲伤时的哭泣等同于一个排毒的过程。

其二，哭泣有助于缓解人极度紧张的状态。大量研究证明，一个人如果处于极度紧张的状态，就会分泌出甲肾上腺素类的荷尔蒙，这种荷尔蒙适量分泌对人体有益，但此时已大量分泌，远远超过限度，因此血压就上升，血流就不畅，从而引发高血压，同时还会产生大量的活性氧，并生成过氧化脂质这种老化物质，从而大大提高患病率，因此，有人称"精神状态紧张是万恶之源"。关于对抗精神紧张的法宝，哭泣无疑是非常有效的一个。

因此，当你遭遇痛苦的时候，与其把自己封闭在家中独自消沉，不如与一个值得信赖的朋友见一下面，趴在他的肩膀上痛痛快快地哭一场。当哭泣终结的时候，你会发现，那些悲伤抑郁的情绪已经不翼而飞了。

第9章

[你的成功需要拥有自控力——积极心理学]

当你不知所措的时候，请静下心来听一听你内心的声音，成功之神必在不远处等着你的到来。

成功的欲望

巴尔扎克说："欲望是支配生命的动力和动机，是幻想的刺激素，是行动的意义。"

欲望，是指人所有行为的动因，所有由于人天生的生理本能所产生的渴望、需要和冲动，都称为"欲望"。或者说，促使人行动的内在驱动因素都是欲望。

欲望是一种野性的呼唤与回归，也是希望的覆灭与再生。人人心中都怀有希望，也都怀有欲望，在现在欲望已并不是一个贬义词，这个词已经具有了理想与行动的双重意义。

欲望是生命的动因，因为生命的本质在于生存和延续，而欲望是生命生存和延续的必要条件，是生命的本质属性。

人的需要和欲望是发展和解决贫困的动力。强烈的欲望使人施展全部的力量，尽力地超越自我。欲望可以使一个人的力量发挥到极致，排除所有的障碍以达到自己的需求。

欲望是创业者的第一素质，这样说你是不是觉得很奇怪？创业者的欲望，实际就是一种生活目标，一种人生理想。创业者的欲望与普通人的欲望不同之处在于，他们的欲望往往超出他们的现实，往往需要打破他们眼前的樊笼，才能够实现。所以，创业者的欲望往往伴随着行动力和牺牲精神。

美国人约翰·富勒的故事就是一个典型的例子。

约翰·富勒姐妹7人，他从5岁就开始工作。他刚懂事的时候，母亲和他说："我们不应该这么穷下去，这不是上帝的旨意。我们贫穷主要是因为你爸爸从来没有变得富有的欲望。"这些话在约翰·富勒幼小的心灵深处扎了根，他一心想改变家里的现状，想变得富有起来，并且开始努力为之奋斗。10年后，约翰·富勒接手一家被拍卖的公司，并且还陆续收购了7家公司，他真的成了富人。

约翰·富勒成功的秘诀在哪里？他这样总结："我们家里很穷，但那是因为我父亲从来没有变得富有的欲望。但我不同，我有强烈的变富的欲望。虽然我不是富人的后代，但我可以成为富人的祖先。"

你是否有改变自己的强烈欲望？你为什么总是离成功那么遥远？那是因为你没有成功的强烈的欲望。因为你的欲望有多么强烈，就能爆发出多大的力量，当你有强烈的欲望去改变自己的时候，所有的困难、挫折、阻挠都会为你让路。

找到你自己的驱动力吧，你可以想象欲望对一个人的推动作用有多大。

我们常说：一个人的梦想有多大，他的事业就会有多大。所谓梦想，不过是欲望的别名而已。

因为欲望，而不甘心，而行动，而成功，这是大多数成功者走过的共同道路。欲望是创业的最大推动力。一个真正的创业者一定是一个有着强烈成功欲望的人。

你也完全可以挖掘生命中巨大的能量，激发你成功的欲望，因为欲望就是力量，是你成功最有力的助推器。

野心有助成功

　　野心，是我们经常听到的一个词，词典里对野心的解释是："对领土、权力和各种利益的巨大而非分的欲望。"这样看来，野心是一种欲望，而且是一种巨大而非分的欲望。通常，如果说一个人有野心，大都对这个人很有看法，好像野心是个贬义词。

　　我们常说：不想当将军的士兵就不是好士兵。也许你会说，那是理想问题，而不是野心。其实这也是一种巨大的愿望，也是一种野心。一个人应该有一点野心，因为野心是成功者的素质之一。我们看看下面这个经典的事例：

　　法国的传媒大亨巴拉昂是以推销装饰肖像画起家的，在不到10年的时间里，他迅速跻身于法国50大富豪之列，1998年，他因患前列腺癌在法国博比尼医院去世。临终前，他留下遗嘱，将他4.6亿法郎的股份捐赠给博比尼医院，用于前列腺癌的研究，另有100万法郎作为奖赏，奖给那些揭开贫穷之谜的人。

　　巴拉昂去世后，法国《科西嘉人报》刊登了他的这份遗嘱。遗嘱是这样写的：我曾经是一个穷人，去世时却以一个富人的身份走进天堂之门。现在，我把自己成为富人的秘诀留下，即"穷人最缺少的是什么"，找到答案的人将得到我的祝福，并且得到我留在银行私人保险箱里的100万法郎，那是对睿智地揭开贫穷之谜的人的奖赏。

这份遗嘱刊出后，《科西嘉人报》收到了大量的信件，有人说这是报纸为提高发行量在进行炒作。也有很多人寄来了自己的答案，这些信件中，有人认为穷人最缺少的就是金钱，有人认为穷人最缺少帮助与关爱，有人认为穷人最缺少的是智慧，也有人认为穷人最缺少的是机会等等。总之，答案五花八门，应有尽有。

在巴拉昂逝世一周年纪念日，他的律师和代理人在公证部门的监督下，打开了银行内的私人保险箱，公开了他致富的秘诀：穷人最缺少的是野心。

所有人都感到意外，更让人感到意外的是，一位年仅9岁的女孩却写出了正确答案。为什么只有9岁的女孩能想到穷人最缺少的是野心呢？在接受100万法郎颁奖时小女孩解释了其中的原委，她说："每次，姐姐把她11岁的男朋友带回家时，总是警告我说：'你不要有野心啊！'所以我想，也许野心可以让人得到自己想要的东西。"

谜底揭开后，整个法国都震动了，并波及英美。一些富人谈论此话题时，也毫不掩饰地说：野心的确是一剂"治贫"良药。

再让我们回顾一下在历史上曾有深远影响的人物。拿破仑在军事院校就读时曾立誓要做一名卓越的统帅并吞并整个欧洲，他的野心可见一斑。成吉思汗早年就扬言：大地是我的牧场，有雄鹰的地方就有我的铁骑。

野心是一剂"治贫"良药，也是致富的灵丹。

如果一个人追求的只是一种平常、闲适的生活，只是有饭吃、有床睡、有衣穿，当拥有了最基本的物质生活保障时，就停滞不前，不思进取，得过且过，没有任何野心，那他注定不会成为富人，也不会有大作为。

你有野心吗？如果目前还没有，那就该加油了。因为野心有助成功，是成功的基石。有了野心，并把野心贯彻到底，你走向成功就指日可待了。

让自己去判断

一个人应养成信赖自己的习惯，即使在最危急的时候，也要相信自己的勇敢、毅力与判断。

只要自己心中有一个标准，做到客观的、理智的、全面的衡量、分析和判断，就能作出正确的选择和决定。但是，由于一个人的知识、经验、思维都是有局限性的，所以听取别人的意见也很重要，但绝不能盲目自信或者不辨是非地盲目听从他人意见，那是不理智的，容易导致错误。千万不要像下面这则寓言中的传教士一样。

有一位传教士，从一个村庄回家，经过一个集市，看见一只漂亮的小鸟，他买下了它。心想：这只鸟这么胖，毛色这么好，煮来吃一定不错。

小鸟看出了传教士的心思，急忙说："不要！"传教士吓了一跳，"怎么，你还会说话？"小鸟说："是啊，我不单会说话，我还不是一只普通的鸟呢。我在鸟的世界里几乎也和你一样，是个传教士呢。如果你答应放我并让我自由，我给你三条让你受益匪浅的忠告。"传教士以为这只会说话的小鸟一定很有学问，就同意了。

于是小鸟给了他三条忠告：

第一条：永远不要相信谬论，无论是谁说的，不管他多么著名，多么权威。

第二条：无论你做什么，始终了解自己的局限。

第三条：如果你做了好事，就不必后悔，只有做了坏事才需要后悔。

多么精妙的忠告，于是那只小鸟自由了。

传教士一边高兴地往家里走，一边想：这真是布道的好说辞，我将把这三条忠告写在我房间的墙壁上、桌子上，这样我就能记住它们。这将非常有教益。

就在这时，他突然看见那只小鸟站在一棵树上，放声大笑。传教士问它为什么那么笑，小鸟说："你这个傻瓜，在我肚子里有一颗非常宝贵的钻石，如果你当时杀了我，你会成为世界上最富有的人。"传教士有些后悔了，脸上表现出悔色。

于是他扔掉手里的书开始爬树，他一生中从未爬过树，更何况他已经老了。他向上爬一点，小鸟就飞向更高的树枝，最后小鸟飞到了树的顶端，在差不多要被传教士抓住的那一刻，传教士却摔下来了，而且还伤得不轻。

小鸟目睹了这一切后说："瞧你！你现在相信了我的谬论，一只小鸟肚子里怎么会有宝贵的钻石呢？随后你尝试了不可能——你从没有爬过树，更何况你怎么可能空手抓住一只会飞的鸟？最后，你使一只小鸟自由了，你做了一件好事，但你却后悔了。"

传教士的错误在于：自己不做客观的分析和判断，盲目地相信别人的话，自己不动脑子，以致三条忠告都违反了，徒劳无获。作为传教士，做出这样的事情，很具有讽刺意味。现实中遇到事情一定要冷静分析，让自己去做客观的判断，可别犯传教士同样的错误。

做自己的主宰

你不是宇宙的主宰，但你是自己的主宰。

你已经认识了你自己，深刻地了解了你自己。你就应该喜欢你自己，接纳自己的一切，进而将自己最好的一面呈现出来。你就是你，世上不会有第二个你。只要你够坦然地说："我就是这样的人。"这就够好了。然后掌握好自己，发挥好自己，做自己的主宰。

弗洛伊德·威廉斯（Floyd Williams）12年来一直担任位于北卡罗来纳州的SAS研究所（SAS Institute）的中心主任。他曾说过："在我们这里只有一个规则，那就是例外。"他本人是一位资深的IT专业人才，12年前从另一家公司跳到该公司。

"我为什么离职？在很多其他的公司里，我只不过是一个号码。"这是他2001年1月接受美国《财富》杂志（Fortune）采访时所说的话。该杂志每年都要公布一份"美国最适宜工作的100家公司"的问卷调查报告。在报告中你会发现，像西北航空（Southwest Airlines）、思科（Cisco）这样的一些企业经常排在第20名以后。其实，比排名更重要的是原因，为什么人们不喜欢在这些公司工作呢？

一个SAS公司员工的回答是最好的诠释："在这里我是一个完整的个体，领导重视我的个人感受和需求。"

你看到了，做自己的主宰！这是一个新趋势。在西方社会，做自己的主宰已经是至高无上的价值观了。

许多人会主动改善自己所处的环境，却没有想到要完善自我，于是他们的环境仍然没有改变。那些勇于接受命运考验的人，总是做自己思想和行动的主宰，从而实现自己心中的目标，这个道理放之四海而皆准。正像歌德所说："谁要游戏人生，他就一事无成，谁不能主宰自己，永远是一个奴隶。"做自己的主人吧。

别让懒惰伤害了心灵

懒惰者不可能成就大事，因为懒惰的人总是贪图安逸，遇到一点风险就吓破了胆，他们缺乏吃苦实干的精神，总在等着天上掉下馅饼来。懒惰会吞噬人的心灵，会毁灭人的肌体。

马歇尔·霍尔博士认为："没有什么比无所事事、空虚无聊更为有害的了。"美因兹的一位大主教认为："一个人的身心就像磨盘一样，如果把麦子放进去，它会把麦子磨成面粉，如果你不把麦子放进去，磨盘虽然也在照常运转，却不可能磨出面粉来。"

比尔·盖茨说："懒惰、好逸恶劳乃是万恶之源，懒惰会吞噬一个人的心灵，就像灰尘可以使铁生锈一样，懒惰可以轻而易举地毁掉一个人，乃至一个民族。"

下面这则寓言就是一个很好的例子：

大海里有一条小巧玲珑的小鱼，长得十分精致，特别是那双美丽的大眼睛，那么明亮。可它有一个坏毛病，那就是懒惰。

海里的同类都很喜欢它，也想帮它改掉这个坏毛病。

一只螃蟹游到小鱼身边说："漂亮的小鱼，跟我到河口去走走？来个长途旅行，开阔一下视野，也锻炼锻炼身体！"

"到河口去？"漂亮的小鱼摇摇头，"那么远，太累了！我可受不了，不去。"

螃蟹失望地游走了。

一只虾游过来对小鱼说："美丽的小鱼，跟我学跳高怎么样？这对身体可有好处。"

"学跳高？"小鱼慢慢吞吞地说，"听说，跳高很累的，还是在松软的水草上躺着舒服，不去。"

虾也失望地游走了。

一条鳟鱼游过来，对小鱼说："可爱的小鱼，和我到大海去漫游吧！那里能看到很多很多新事物，还能学到很多本领。"

"那多累啊，我才不去呢！"小鱼一边说一边打着哈欠说。

鳟鱼失望地走了。

就这样，小鱼还是每天躺在水草上休息。

时光过得好快，一转眼，螃蟹从河口回来了，它变得很健壮。虾也回来了，变得雪亮，动作敏捷。

当鳟鱼从大海旅游回来时，它已经变成了大学者。它想起童年的好朋友——漂亮的小鱼。于是去看它。

它看见的小鱼，身体单薄得像一片秋后的树叶，在水草上目光呆滞的躺着。

"怎么会这样？"鳟鱼有些同情地问。

小鱼长叹一声，说："由于我每天不动，失去了活力，变成现在这样的丑八怪了。"说着悲伤而懊悔地哭了。

鳟鱼学者说："懒惰会改变容貌，毁掉肌体！原来这是真的！"

　　懒惰者总是有这样那样的借口，在贪图安逸、碌碌无为中等待生命的完结。他们只相信运气、机缘、天命之类的东西。看到人家发展了，就说："人家运气好！"看到他人知识渊博、聪明机智，就说："人家有天分"，发现别人德高望重、影响广泛，说："人家有机缘。"

　　他们从来看不见人家在实现理想过程中付出的辛劳与汗水，经受的考验与挫折。

　　比尔·盖茨曾给一位年轻人写信说：

　　"你这懒惰行为，所谓没有时间等等，都只是一种借口而已，你总是用种种漂亮的借口来为自己辩解，我看你最根本的一条就是不肯努力，不肯下工夫，你的理论就是每一个人都会把他能干的事情干好的。如果有哪一个人没有干好自己的事情，这表明他不胜任做这件事情。你没有写文章表明你不能够写，而不是你不愿意写。你没有这方面的爱好证明你没有这方面的才干。这就是你的理论体系——多么完整的理论体系啊！如果你这个理论体系能被大众普遍接受的话，它将会产生多大的负面作用啊。"

　　由于他们不肯付出，因此不可能在社会生活中成为一个成功者，只能是失败者。成功只会眷顾那些勤劳的人。一旦产生懒惰的情绪，就只会整天怨天尤人、精神沮丧、无所事事。

　　著名哲学家罗素说："真正的幸福绝不会光顾那些精神麻木、四体不勤的人们，幸福只在勤劳和汗水中。"

　　懒惰会使人们精神沮丧、万念俱灰。所以你要远离可怕的懒惰，努力培养自己勤劳的习惯。因为只有劳动才能创造生活，给你带来幸福和欢乐。

从恐惧中彻底解脱

轻度的恐惧是人的一种自我保护机制，由于恐惧，人在做事时自然会小心谨慎，也就在客观上给人带来一定的安全，从这个意义上说恐惧也是一种保护。轻度的恐惧不仅是正常的，而且也并没有什么坏处，而且由于恐惧的存在，人的焦虑情绪也能得到适度的缓解，所以轻度的恐惧不必刻意掩饰和强行战胜，不妨就带着这种恐惧前行。

但是，如果你对什么事情都心存恐惧，做事畏首畏尾，那就要努力克服了。因为恐惧会使你停滞不前，你的目标永远无法实现；恐惧会使你囿于现状，不敢冒险，安于平庸的生活。也许很多次只是由于恐惧，你与机会擦肩而过，但是那样你会永远也无法实现自己的梦想。

亨利·克劳得博士作为一个作家和顾问，在一篇《克服恐惧感》的文章中提到可以采取一些积极的行动来缓解和束缚恐惧感。

1.多交流

不论你多么恐惧，你都不要一个人扛着，你应该找好朋友、亲人，告诉他们你的恐惧。他们会从旁观者的角度来帮你分析为什么会产生这种恐惧，他们会支持你，鼓励你，帮助你，配合你采取一些有效的行动，从而克服恐惧。

2.多放松

生活中放松的方法很多，如打太极拳、练瑜伽、散步、郊游等。你也可以试着做做下面这个训练，这种方法叫作"渐进放松训练"，是心理治疗中常用的放松方法。首先全身放松，然后把注意力集中在脚趾上，先绷紧该部位的肌肉，坚持一会儿，再放松，体验该部位放松的感觉。接着是小腿、大腿、腹部、臀部、背部、胸部、肩部、上臂、前臂、双手、颈部、面部、头部，循序进行放松。这样把全身各部位都体验一遍，一般这个过程持续15～30分钟，整个身体就会进入一种平时不能达到的放松状态。

3.多充实

充实你的精神生活，因为在紧急情况下，精神层面上的东西可以给你带来无比的安慰。如果你还没有一种信仰或者精神寄托，你可以找有经验的长者谈一谈，或者自己去买一本圣经来阅读。

4.去面对

无论哪种方法，都需要你面对自己的恐惧。其实恐惧不是来自外界，是来自自己内心，那么你就要有意识地去面对和解决自身这些问题。记住要从第一步起逐渐开始。例如你对当众讲话很恐惧，就试着循序渐进地克服，你可以先在几个人面前讲话，再主持小规模会议，慢慢地主持一次股东会议等，就这样把整体的事情分成数个小部分，按轻重缓急一步一步去实行，慢慢就会减少恐惧。一般而言，恐惧心理本身也存在着一个衰减的过程，强烈的恐惧在4～6周后随着人的心理承受能力的提高而得到逐步缓解。

一般来说，你如果能坚持进行自我训练，慢慢会摒弃恐惧心理，最后从恐惧中彻底解脱。重塑自己的勇敢和无畏，让恐惧永远止息。

清除颓废的毒素

在字典里"颓废"一词的解释是"意志消沉，精神萎靡"。可见，颓废是一个灰色的字眼，是一个贬义词。

颓废是经由一定时期的生活方式和思维习惯培养之后，陷入恶性循环的一种状态，这是一种消极的状态。

也许你曾经颓废过，那是因为你还年轻，不知道自己的道路会怎么样，如何走。年轻的时候颓废是允许的，但是人应该有进步。如果你一直颓废下去，那就不是好事情了，你有可能永远消沉下去了。如果你现在已经是不该再颓废下去的年龄了，你就必须积极起来，通过自我重塑摆脱颓废。

你也许因为某件事情不能顺利完成而有些沮丧，也许因为没有实现某种目的而悲观失望，这时的你是否也有些颓废呢？你不用惧怕，因为这是暂时的颓废，颓废之后，能使人重新振作精神，投入新的工作中，而且这时的思想已经有点改变了，也就是说，你可能会更注意某些东西。从某种意义上来讲，这时的颓废也许正是改变思想的一条道路。关键是看你怎么对待，如果你能尽快的摆脱颓废，把它作为一种改变的契机，那就是好事情；相反，如果你一蹶不振，从此陷入萎靡，那就是坏事情。所以，有时候颓废只是感情中的一种，它会让一个人的内心世界更丰富；有时候颓废却是致命的，会让一个人走向精神崩溃，直至生命完结。

所以，陷入一时的颓废并不可怕，可怕的是不去自省和自救，反而习惯了心灵上的自虐，这样只能是更加地颓废。因为任何生机都需要由一种积极进取的精神来支撑，而从某种意义上讲，颓废是扼杀生机的一种毒素。

只有清除这种毒素，你的生命才会生机盎然。用宽容、乐观、积极、爱心来培养一种超脱的精神，这种超脱精神是根治颓废的良药。如果你通过自我塑造达到了这种精神超脱，你也就摆脱了颓废，成为一个积极向上的人，你的工作、你的事业、你的一切都会向积极的方向转变。

击败犹豫的恶习

在面临选择时，犹豫不决的心理是可以理解的。但过分的优柔寡断则会使人产生困惑与迷茫，以致白白失去良机。机会如白驹过隙，如果不能克服犹豫不决的弱点，可能永远也抓不住机会，只有在别人成功时慨叹："我本来也可以这样的。"

一份分析2 000名在某种事情上失败的人的报告显示，犹豫几乎高居30种失败原因的榜首。

一份分析数百名百万富翁的报告显示，这数百名成功人士之中每人都有迅速下定决心的习惯，而累积财富失败的人则毫无例外，遇事迟疑不决、犹豫再三，就算是终于下了决心也是拖泥带水。

亨利·福特就具有迅速达成确切决定的特质，就是这一特质使得他在所有顾问的反对下，在许多购车者力促他改变的情况下，仍一意孤行，继续制造他有名的T型车种（世界上最难看的车型），正是这种坚定不移为他赚取了巨额财富。这些财富早在T型车有必要改变造型之前，已使他成为汽车大王。无疑地，福特先生有着坚定的决心，做事情毫不迟疑。

如果你遇事犹豫不决，在犹豫的时候，耗费了精力，浪费了时间，有可能错过良机。遇事仓皇失措，举棋不定，没有主意，犹豫不决，是成功最忌讳的态度。

你也许听说过下面这则可怜毛驴的寓言：

一头毛驴很幸运，它有两堆草料可以自由选择，然而正是这幸运反倒害了它。

它站在两堆草料中间，开始犹豫不决，到底先吃哪一堆呢？先吃这堆颜色看起来好的，一定很新鲜，不行，不行，还是先吃那堆差一点的吧，不然坏了就浪费了。还是不行，那样新鲜的就变不新鲜了。就这样，它在草堆中间，徘徊着，犹豫着。最终这头可怜的毛驴守着近在嘴边的草料，却活活被饿死了。

假如你有优柔寡断的倾向，你就应该立刻奋起击败这种恶习，因为它足以破坏你各种选择的机会。在你决定做某件事情之前，你应该对各方面情况有所了解，你应该运用全部的常识与理智，慎重考虑，然后作出一个决定，决定一经作出，你就不要轻易反悔，必须坚持。养成决断的习惯，你会受益无穷。一旦你在这方面重新塑造了自己，你一方面会对自己增强信心，另一方面也能得到别人的信任。犹豫不决，对于一个人品格的锻炼，是致命的打击。有这种倾向的人，基本上不会是有毅力的人。这种致命的弱点，足以破坏你对自己的信赖，破坏你的判断能力，破坏你的决策能力。

很多时候犹豫不决是因为缺乏勇气。无论做什么事情都要有一股破釜沉舟的勇气，都要有一种"不入虎穴，焉得虎子"的冒险精神。

要成就事业，必须学会果断决策，因为不果断是成功的大敌。它会使人失去成功的机会。俗话说得好："机不可失，时不再来。"有的人就是因为患得患失、优柔寡断而错失良机，结果呢？机会就风驰电掣般地从你身边溜掉，等待你的就只有后悔和失望了。为什么很多人永远到达不了成功的彼岸呢？原因就在于他太优柔寡断。当危险逼近时，善于抓住时机迎头猛击它要比犹豫躲闪它更有利。因为犹豫的结果恰恰是错过了制服它的机会。

曾发生过这样一件事：

一位伐木工人在伐木时不幸被伐下的大树砸在大腿上，一阵疼痛席卷而来，看着自己的大腿正在汨汨流血，他有些恐慌。由于是单独伐木，周围没有人，无法求救，自己也没带任何可以紧急救助的器具。但这时他神志尚清醒，他深知，如果不把压在他大腿上的大树移开，那血就会一直流下去，最终的结果只能是因失血过多而丧命。

他的大脑快速地运转，想尽快地找出解决办法，他试图用电锯将压在腿上的大树锯断移走，但是，由于身体已经受到制约，无论如何也达不到目的。

怎么办？怎么办？他不能再犹豫了，再犹豫就有生命危险了，他必须当机立断。于是他采取了果断措施，用电锯把自己的大腿锯断了。

结果大腿丢掉了，却保住了生命。

是果断保住了木工的性命，如果他犹豫不决，浪费时间，结果只能命丧黄泉。"当机立断，不受其乱。"这位伐木工人就具有果断这一宝贵的品质。

有些人为什么会遇事优柔寡断？主要是由以下一些原因造成的：

认识原因。心理学认为，对事情的本质缺乏清晰的认识，就会产生心理冲突，对事情就不会有明确的态度，也就很难很快地作出决定。

性格原因。缺乏自信、感情脆弱、过分谨慎的人就容易遇事优柔寡断，思前想后，拿不定主意，左右徘徊。

经历原因。有人从小依赖别人，从不自己作决定，遇事找人商量或者循规蹈矩，这样的人一旦独立生活，处世就会出现优柔寡断的现象。

那么，如何才能克服优柔寡断的毛病呢？

• 自信。克服犹豫不决的最好办法是肯定自己，坚信自己能行。犹豫不决的人总是对自己说："这件事我能行吗？我恐怕干不了。"自己还没有开始做就担心自己做不了，怎么可能成功呢？而自信的人则会对自己说："我能行，我会干好的。没什么问题。"这无疑是给自己打气，有了信心，也就不会犹豫不决了。

• 取舍。不要追求尽善尽美。"金无足赤，人无完人"，只要不违背大原则，就可以作出坚决的取舍。

• 胆识。心理学认为，人的果敢程度与其所具有的知识经验有很大的关系。一个人的知识经验越丰富，其果敢程度就越高；反之，就越低。

• 思维。"凡事预则立，不预则废"，善于思考，勤于思考，是遇事有主见的前提和基础。

如果你什么事都等待，犹豫不决，那在徘徊和等待中就浪费了时间也失去了机会。你在遇到困难的、两难的或者紧急的情况下，能够迅速地、合理地、是非分明地、不失时机地采取必要、果断的措施，才能坚决地、顺利地解决问题。如果那位伐木工人在自己遇到紧急情况下不采取果断措施，肯定会因为血流得过多而保不住自己的性命。

果断的力量是一切力量中的决定力量。假如你没有这种力量，那你的一生就会像漂荡在海中的孤舟，永远靠不了成功的彼岸。所以要培养这种力量，塑造这种品质，那样犹豫就不会再光顾你，你就会果断地做事情，你的自我重塑也就成功了，你已经是一个成功者了。

培养对工作的兴趣和热情

激情而投入地工作与麻木而呆滞地工作是完全不同的两种状态。用充满激情的心态去对待自己的工作，就可正确控制手中的时间，为公司创造出不同凡响的效益。麻木而呆滞地工作只能使自己的工作效率低下，渐渐地你会感到厌倦，最后只能被淘汰。

一个人如果对工作感到厌恶，对工作没有热忱和爱好之心，不能使工作成为一种喜悦，觉得工作是一种苦役，那么他一定不会有所成就。

这里有一个古老的故事，说的是3位砌砖工人的工作态度。

有人问："你们在做什么？"第一位工人回答："砌砖。"第二位工人回答："我在做每天赚10美元的工作。"第三位工人则回答："你问我？我在建造世界上最伟大的教堂!"

这个故事虽然没有告诉我们这3位工人的结局，但我们能猜出在以后的岁月里，他们会有什么样的变化。很可能，头两位工人仍然是砌砖工，他们缺乏远见和想象力，他们缺乏对工作的尊重。没有什么能推动他们去获得更大的成功。

那位认为自己是在建造一座世界上最伟大的教堂的工人，不会仍然是一名砌砖工，或许他会成为一个工头或承包人，或是一位建筑师。他会不断地前进和得到升迁。

第三位砌砖工的话说明他对工作的看重与热爱，显示出他发展的巨大潜力。

通用电气公司的最高主管韦尔奇连续数年被英国一份杂志评为最受推崇的企业家，他把通用电气公司由一家庞大僵化的企业变成了"最具竞争力的企业"。

一次，韦尔奇找一个部门的主管来开会，在韦尔奇心中，这个部门虽有盈利，但还可以表现得更好。韦尔奇提出了自己的看法，但那位主管不大了解他的意思，只是一味地说："请看看我的收益，看看我的投资回报率，我选用的人，我做的事……"韦尔奇希望这位主管能明白他只是希望他对工作再多一点激情，再投入一点，这样就更有利于控制时间，提高效率，但这位主管仍一头雾水。

最后，韦尔奇干脆给他一个建议："我要你做的，就是休假1个月，放下一切，等你再回来时，变得就像刚接下这个职位，而不是已经做了4年。"

事情的发展果真如此，那位主管回来后精神焕发，把时间安排得井井有条，部门效益也明显提高了。韦尔奇通过这种措施，不但使各部门员工增强了工作的积极性，用饱满的精力去投入工作中，又大大地节约了时间，取得了丰硕的成果。

在任何情形之下，你都不可以对工作产生厌恶感，这是最坏的事。若你为环境所迫，只能做些无趣的工作，你也要努力设法从这乏味的工作中找出些乐趣、意义来。要知道只要是应当作而又必须做的工作，不可能是完全无意义的。这由你对待工作的精神状态好坏而定。良好的精神，会使一切工作都成为有意义、有趣味的工作。

若你认为你的工作是乏味的，那你厌恶的心理、厌倦的念头就会导致你的失败。乐观的、积极的、热忱的心理，才是吸引成功与幸福的磁石。

无论什么工作，只要是为社会所尊崇的，都具有无上的神圣性。只要是有利于人类的工作，都不是卑贱的、可耻的。只要聚精会神，工作上的厌恶、痛苦的感觉，就会消失。不明白这个秘诀的人，也不会懂得获得成功与幸福的方法。

在单位里，老板最反感的一种现象就是在早晨八九点钟下属一个接一个地打哈欠，这种情况会令老板猜测昨晚这个人究竟在做什么，虽然8小时以外不是老板管辖的范围，但是第二天这么疲倦地来上班，假如需要开机器，后果一定不堪设想。这样的员工无疑是把工作当成了苦差，毫无热情可言。

人可以通过工作来学习，可以通过工作来获取经验、知识和信心。你对工作投入的热情越多，决心越大，工作效率就越高。当你抱有这样的热情时，上班就不再是一件苦差事，工作就变成一种乐趣，就会有许多人愿意聘请你来做你所喜欢的事。工作是为了自己更快乐！如果你每天工作的8小时，都好像是在快乐地游戏，这是一件多么合算的事情啊！

卡耐基说："如果一个人不能从工作中找出乐趣，那不是工作本身枯燥的缘故，而是他自己不懂得工作的艺术。"

这真是一句至理名言：一个人对工作感到没有兴趣或苦闷，都是由于他自己的缘故，并不是工作本身所造成的。

人生下来就要去做一名竞争的选手。当你加入这种盛大的竞赛中，你的对手到处都是，没有一件事情不是竞争的项目。应该把生活、事业看作是一种永远的战斗，每天都要克服种种困难，每天早上，一睁开眼睛，就能看见胜利的机会，它们随时能让你获取胜利，只要你不放弃竞赛的权利！

你的生活是愉快或是苦闷，完全操纵在你的手里，任你选择。利用愉快的心情应付繁重的工作，能使你的工作产生惊人的效果，紧紧抓住升职的机会，去"玩"一下，看看你是否有取胜的能力。

第10章

[幸福是一种能力——幸福心理学]

幸福是什么？幸福，看不到、听不到、也触摸不到。幸福是一种人生感受。幸福是人生的终极目的。幸福者不会空虚、迷茫、无所事事、无所适从，幸福者健康、安祥、乐观、旷达，脸上常常带着迷人的微笑，身边常常笼罩着悦人的光芒。一个人的一生如果感受不到幸福，那他的人生是残缺而悲哀的人生。

幸福近在咫尺

每个人都在经历着人生，每个人都想得到幸福。当人们得到幸福之后，都希望长久地占有它，希望一生都能在幸福中度过。这是一种美好的愿望。幸福人人有份，但幸福不是一成不变的占有物，卢梭在《爱弥尔》中这样说道："所有一切属于人的东西，都是要衰老的；在人生中，一切都是要完结的，一切都是暂时的。我们将因对它享受惯了，而领略不到它们的趣味了。如果外界的事物一点都不改变，我们的心就会变；不是幸福离开我们，就是我们离开幸福。"

正如好景不长在，好花不长开，幸福往往是很难持续终生的。莫罗阿写过一本很有名的小册子，叫作《人生五大问题》，其中有一篇文章叫《论幸福》，莫罗阿认为永久不变的境界是没有的、不可思议的，在他看来构成幸福的因素是脆弱的，任何事物都有终止的时候，幸福不可能永存不变。幸福是人的一种感受，一种心理状态，是人对自己生活中美好事物的一种心理体验。仅就此而言，幸福就不可能是一成不变的。

幸福无处不在，幸福近在咫尺，幸福又远在天涯。

幸福是一种感觉

从人类诞生的那天开始，人就开始追求幸福，尝试着表达幸福之感，这在人类的谴词造句中就充分体现出来。康德说："幸福的概念是如此模糊，以致虽然人人都想得到它，但是，却谁也不能对自己所决意追求或选择的东西，说得清楚明白，条理一贯。"

在英文中，快乐和幸福是同一个词——happiness，和这个词非常接近的词 welfare，它的意思是指健康、舒适、健康和快乐；又指那些遭遇社会问题和经济困难的人所得到的帮助。幸福在我们的概念中，简单来说，物质的充足与快乐的心情是其组成部分，幸福却是最终的表达。

英国哲学家罗素说："幸福的生活在很大程度上，必是一种宁静安逸的生活，因为只有在宁静的气氛中，真正的快乐幸福才能得以存在。"

试问，一个人尽管在外面获得安全，而他的心境常是忧惧恐慌的，其幸福又有几分呢？斯宾诺莎认为：一个人的幸福，即在于他能够保持他自己的存在。费尔巴哈也有类似的论述，他说，生命本身就是幸福。他认为幸福是生活的本性：所有一切属于生活的东西都属于幸福，因为生活和幸福原来就是一个东西。亚里士多德认为美德就是幸福。他说："行为所能达到的全部善的顶点又是什么呢？几乎大多数人都会同意这是幸福；不论是一般大众，还是个别出人头地的人物都说：善的生活，好的行为就是幸福。"

杜威则认为幸福只在于行为的不断成功，而不是道德行为所追求的最终目的。弗洛姆也有类似的看法，他认为幸福是一个人创造性心灵所带来的结果，是个人在思想上、情感上以及行为上的一切创造性活动所带来的喜悦。亚里士多德又认为能用理智来指导生活，就是最高的幸福。他认为，神的活动，那就是最高的幸福，也许只能是思辨活动，而与此同类的人的活动，也就是最大的幸福。卢梭也有类似的看法，认为狂热和激情都是短暂的，只是生命长河中的几个点，不能构成一种境界，幸福是一种境界。爱因斯坦认为，一种实际工作的职业就是一种最大的幸福。池田大作在与基辛格谈论人生时总是说，能够遇上给自己带来最大启发的人，就是人生最大的幸福。

幸福是不让交通、雨水、炎热、寒冷以及不得不排队等候等情况影响你的心情。幸福是做我们喜欢的事，是喜欢我们所做的事，是生活中的很多希望，是永远祝福别人。幸福首先是个人的决定。每个清晨，当你醒来的时候，你都有机会选择让自己幸福还是不幸福地度过难忘的一天，或者只是又过一天而已。

幸福是一种态度。不管是你面对一项全新的事业，还是面对生活中出现的任何一种新的情况，人生道路上的每一个境遇都给了你一个积极应对或消极应对的机会。正是你选择的应对方式，决定了在事情结束后你所感受到的幸福和不幸福的程度。

幸福是一种自我感受，一种心理状态，幸福是无形的。尽管劳动成果、艺术享受、爱情、婚姻、家庭、爱好、修养、经历、境遇等等都能给人带来幸福感受，但没有一种相应的尺度可以衡量幸福。"物质幸福"是存在的，所以我们在努力建设"物质文明"。但是，纯粹的物质享乐并不等于幸福，物质的多少并不一定带来相应的幸福的大小。金钱是存在的需要，金钱可以买得来刺激，甚而买得来"快乐"，但不一定买得来幸福。有钱能使鬼推磨，但有钱难使精神贫乏不幸福的人推动幸福的磨盘。一切的喧嚣浮华至多是表面的快乐而不是真正的幸福。

但最重要的是，幸福是寻求和体验生活中的平衡。幸福是对生活的方方面面都有一个目标，并保证自己每天都朝着实现这个目标的方向前进。幸福是拥有个人、专业和家庭目标，并让这些目标成为一项行动计划的一部分，努力使我们的生活保持平衡。

幸福更多的时候是一种心境，追求幸福，包含着人们对美好生活的企盼，更寄托着人们对人生境界的追求。不同的人有不同的志向和理想，体现了不同的信念追求和价值取向。"人活着是要有一点精神的"。人生的价值并不在于获取了多少、享受了多少，更多的时候在于为社会做了多少贡献、给他人带来多少福祉。因为只有这样，人类才能繁衍生息，社会才得以不断进步。否则，人人都去索取，都去为了个人的幸福而不顾他人的感受、甚至不择手段，人类社会就会灭亡。因此，那些为人民谋利益、谋幸福的人，本身也是最洒脱、最幸福的人。

有人说过："真正的幸福是不能描写的，它只能体会，体会越深就越难以描写，因为真正的幸福不是一些事实的汇集，而是一种状态的持续。"

幸福不是给别人看的，与别人怎样说无关，重要的是自己心中充满快乐的阳光，也就是说，幸福掌握在自己手中，而不是在别人眼中。幸福是一种感觉，这种感觉应该是愉快的，使人心情舒畅、甜蜜快乐。

幸福是一种态度

幸福不是金钱的多少，更多的是一种感觉，一种你认为幸福你就幸福的感觉。其实幸福更像是人类的一种期望，每一个人都渴望拥有幸福，但很多人却永远也得不到幸福，是他（她）真的不曾拥有吗？错。上帝对每一个存在的事物都是公平的，只是我们缺少一双发现幸福的眼睛罢了，幸福对我们而言既唾手可得，又遥不可及。如果你是一个乐观的人，那么幸福随时都围绕在你身边。

早晨睁眼看到美丽的朝阳，鼻子嗅到清新的空气。感受到早晨的美好，那么你是幸福的。在公司里出色地完成任务，受到老板表扬，赢得同事们的尊重，那么你是幸福的。下班回家，看到桌上香甜可口的饭菜和孩子优秀的成绩单，那么你是幸福的。晚饭后陪同爱人和可爱的孩子在公园中散步，享受天伦之乐，那么你是幸福的。生活中令你幸福的事很多，只要你细心观察，用心体会，就会发现有许多乐趣包含其中。你也许会说这些小事何以成为人人渴望的幸福。难道幸福一定是雍容华贵、惊天动地吗？在中国著名作家毕淑敏的《提醒幸福》中有这样一段话可以很好地诠释幸福，"幸福绝大多数是朴素的，它不会像信号弹似的，在很高的天空闪烁红色的光芒。它披着本色的外衣，亲切温暖地包裹起我们。"

如果你是一个悲观的人，那么幸福对你而言就太陌生了。早晨家人叫你起来享受美好舒心的空气，分享幸福。你会觉得"早晨"天天有，何必这样珍惜。可当你重病在卧，想享受早晨的美好时，早已力不从心，你会发现你放走了一个幸福。工作时出色完成任务，受到大家的赞赏，而你却不以为然，认为自己还能完成更出色的任务。可你太高估自己，一味追求更高，导致以后无所作为，你才会想起自己以前愚蠢的想法。你会发现你放走了一个幸福。

也许你现在不会觉察到，那再过30年、40年、50年，再回头看看自己曾经走过的路：脚印是那样漂浮、曲折，并无情碾碎了一朵又一朵的幸福之花。

幸福出现的频率并不像我们想象的那样少。人们常常只是在幸福的马车已经驶过去很远时，才拣起地上的金鬃毛说，原来我见过它。幸福是时刻存在的，只要用心品味，会发现它离你并不远。

当一个小孩得到他盼望已久的洋娃娃时，这是幸福。当一位学生学习成绩十分优秀常受到人们的赞扬时，这是幸福。当一位白领工作一帆风顺时，这是幸福。当一位已婚妇女有了爱她的丈夫和听话的孩子时，这也是幸福。幸福的方式太多了，不胜枚举。

不同的人有着不同的幸福。对于那些容易满足的人来说得到幸福时刻便多些。对于那些有大的期盼的人来说总觉得自己不够幸福或者幸福根本就没有降临到他的身上。其实幸福是很简单的，准确地把握瞬间来到你身边的暖流，这些就是幸福。幸福是蜜糖，最好甜淡适中，这样才能恰到好处。而且只有心中认为有幸福的存在才会使自己幸福。

常听身边的人抱怨命运的不公，生活的平淡；幸福对我们来说，似乎是一种太奢侈的东西，如同海市蜃楼一般，可望而不可及。直到有一天，读到享誉全球的大教育家苏霍姆林斯基的这样一个故事：曾在一个春天，他和他的学生们共同买了一条小木船，然后划到一个荒无人烟的小岛上去探险。教育家写道："可能有人会想，作者想借这些事例来炫耀自己特别关心孩子。不对，买船是出于我想给孩子们带来快乐，对于我就是最大的幸福。"其实幸福很简单，也离我们很近。

幸福实际上就存在于我们生活的细微处。如一杯温热的茶，置于你面前的桌上，或者平淡，或者浓烈，也或者居于两者之间。关键是品尝者的心境。一饮而尽者，肯定尝不出个中滋味。如果坐下来细品，其中的苦与甜便从我们的感觉中充分流露出来。

发现幸福，才能感觉幸福；感觉幸福，才能把握幸福；把握幸福，生活才有滋有味。生活有滋味，我们才能真正获得幸福。幸福，其实真的很简单。人们渴望幸福，却往往在幸福之中感受不到幸福，发现不了幸福，更把握不住幸福。"把握"似于"享受"，如果你把握住幸福，自然就能享受到幸福。

幸福是一种态度，不是一种状态。是在清洗百叶窗时聆听一曲咏叹调，或愉快地花一小时清理壁橱。它出现在某一时刻，不是在"有一天……"的遥远诺言中。我们如果爱上我们现在所有的日子。我们会幸福得多，而且会得到更多的幸福和快乐。幸福和快乐是一种选择。它一出现就要伸手去取，它就像在蔚蓝天空中飘向海洋的气球一样。

无私的幸福最持久

有人说幸福就是需要什么就能得到什么。比如，一个人需要吃饭、需要睡觉、需要上网、需要荣誉、需要亲情、需要爱情。如果都能实现，那么，这个人是幸福的。那么，什么是需要呢？需要就是一个人渴望解决自身内在问题的一种情感。一个人的内在问题自己是无法回避的，不解决是很难受的。

如果我们把幸福仅仅理解为满足个人需要，满足个人内在问题的解决，那么这种幸福就是一种自私的幸福。在这里，我们并不否认这一说法，而是要规范这一说法。幸福就是个人追求自身需要，追求自身内在问题的解决而获得的一种满足感。幸福分自私的幸福和无私的幸福。自私的幸福就是个人需要、个人内在问题的解决与社会需要、社会问题的解决不统一，甚至对立。无私的幸福就是个人需要、个人内在问题的解决与社会需要、社会问题的解决相统一。拥有这种无私的幸福观念的人，他们总是把个人需要、个人内在问题的解决与社会需要、社会问题的解决联系在一起。对他们而言，社会问题的解决就是他们个人问题的解决。我不赞成那种把满足个人需要、个人内在问题的解决定性为自私行为。那种把满足个人需要、个人内在问题的解决定性为自私行为的人，是不尊重人性的人。满足个人需要、个人内在问题的解决是人的本能。只要个人需要、个人内在问题的解决不与社会需要、社会问题的解决相对立，那么这种个人需要、个人内在问题的解决就是合理的，就是应该受到尊重的。

任何事情都有一个度，幸福也不例外。人们不仅仅追求幸福，而且希望得到极大的幸福。对于一件事，不同的人会得到不同程度的幸福。如吃米饭，有钱人在这件事上不会感到明显的幸福，这种幸福感甚至可以忽略不记；穷人在这件事上会有一定的幸福感；而那些经常没饭吃的人会得到极大的幸福感；但对某些喜欢吃面食的人而言，不但不会有幸福感，而且还会感到一丝痛苦。所以，幸福并不是靠外界的给予所决定的，外界的给予只能给幸福创造条件，幸福来自需要幸福的主体的内在感受。

人的需要也有一个度的问题。比如烟，不同的人对他的需要是不同的。有的人根本就不需要，有的人有那么一点需要，有的人有强烈的需要。根本就不需要的人，并不是说他永远不对烟产生需要。也许有那么一天，他一时兴起，抽它几根。也许自那以后，就会偶尔产生烟瘾。如不提高警惕，就可能会对烟有强烈的需要。幸福因需要而产生，需要是可以培养的，幸福感会因需要的增强而增强。

有些幸福是短暂的，如吸烟、吸毒，会因此时的"幸福"而导致彼时的不幸。现在的孩子大多是独生子女，父母往往对他们百依百顺，他们的童年无疑是幸福的。然而，他们最终将要走向社会，社会的复杂与无情，会使他们感到与父母在一起时大不一样，会感到无所适从。有些明智的父母，从小会给孩子进行适当的教育，这是对孩子可持续幸福的负责。

幸福的可持续发展需要我们通过自身的努力而获得。这不仅仅是人们为了适应社会的被迫行为，更重要的是，它能提高人们感受幸福的能力。

如男女的恋爱行为,女方爱男方,而男方对女方不太喜欢。如果女方一味地追求男方,那么男方可能会因幸福感较弱而抛弃女方。所以,聪明的女性会想办法让男性投入极大的感情来追求自己。这不仅仅是因为不容易得到的就不容易失去的缘故,而主要的是让男性通过投入感情,产生强烈的期望,产生强烈的内在问题,从而为需要得到满足时获取强烈的幸福感,是建立内在的感情需要的基础。此时,女方也会因自身感情的极大投入而最终获取极大的幸福感。

幸福不应只存在于某一孤立的个体。如果一个人的幸福是建立在他人的痛苦之上,那么这种孤立于他人的幸福是不会长久的。如果一个人以多数人的幸福为幸福,以多数人的痛苦为痛苦,那么,他的幸福感将是极其强烈的,并且是无限持续的。他曾经有过的痛苦,对他自身而言加强了他与人民的感情,增大了他认识世界和改造世界的能力,意义是巨大的,价值是无穷的。持续的、强烈的幸福,是个人利益与社会利益的高度统一。

幸福就在于把握现在,珍惜所有

从前,有一座圆音寺,香火很旺。在圆音寺庙前的横梁上有个蜘蛛结了张网,由于每天都受到香火和虔诚的祭拜的熏染,蛛蛛便有了佛性。

忽然有一天,佛主光临了圆音寺,看见这里香火甚旺,十分高兴。离开寺庙的时候,不轻易间地抬头,看见了横梁上的蛛蛛。佛主停下来,问这只蜘蛛:"你我相见总算是有缘,我来问你个问题,看你修炼了这一千

多年，有什么真知灼见。怎么样？"蜘蛛遇见佛主很是高兴，连忙答应了。佛主问道："世间什么才是最珍贵的？"蜘蛛想了想，回答道："世间最珍贵的是'得不到'和'已失去'。"佛主点了点头，离开了。

又过了一千年的光景，蜘蛛依旧在圆音寺的横梁上修炼，它的佛性大增。一日，佛主又来到寺前，对蜘蛛说道："你可还好，一千年前的那个问题，你可有什么更深的认识吗？"蜘蛛说："我觉得世间最珍贵的是'得不到'和'已失去'。"佛主说："你再好好想想，我会再来找你的。"

又过了一千年，有一天，刮起了大风，风将一滴甘露吹到了蜘蛛网上。蜘蛛望着甘露，见它晶莹透亮，很漂亮，顿生喜爱之意。蜘蛛每天看着甘露很开心，它觉得这是三千年来最开心的几天。突然，又刮起了一阵大风，将甘露吹走了。蜘蛛一下子觉得失去了什么，感到很寂寞和难过。这时佛主又来了，问蜘蛛："这一千年，你可好好想过这个问题：世间什么才是最珍贵的？"蜘蛛想到了甘露，对佛主说："世间最珍贵的是'得不到'和'已失去'。"佛主说："好，既然你有这样的认识，我让你到人间走一遭吧。"

就这样，蜘蛛投胎到了一个官宦家庭，成了一个富家小姐，父母为她取了个名字叫蛛儿。一晃，蛛儿到了16岁了，已经成了个婀娜多姿的少女，长得十分漂亮，楚楚动人。这一日，新科状元郎甘鹿中试，皇帝决定在后花园为他举行庆功宴席。席间来了许多妙龄少女，包括蛛儿，还有皇帝的小公主长风公主。状元郎在席间表演诗词歌赋，大献才艺，在场的少女无一不被他折倒。但蛛儿一点也不紧张和吃醋，因为她知道，这是佛主赐予她的姻缘。

过了些日子，说来很巧，蛛儿陪同母亲上香拜佛的时候，正好甘鹿也陪同母亲而来。上完香拜过佛，二位长者在一边说上了话。蛛儿和甘鹿便来到走廊上聊天，蛛儿很开心，终于可以和喜欢的人在一起了，但是甘鹿并没有表现出对她的喜爱。蛛儿对甘鹿说："你难道不曾记得16年前，圆音寺的蜘蛛网上的事情了吗？"甘鹿很诧异，说："蛛儿姑娘，你漂亮，也很讨人喜欢，但你想象力未免丰富了一点吧。"说罢，和母亲离开了。

蛛儿回到家，心想，佛主既然安排了这场姻缘，为何不让他记得那件事，甘鹿为何对我没有一点的感觉？几天后，皇帝下召，命新科状元甘鹿和长风公主完婚，蛛儿和太子芝草完婚。这一消息对蛛儿如同晴空霹雳，她怎么也想不到，佛主竟然这样对她。几日来，她不吃不喝，穷究急思，灵魂就将出壳，生命危在旦夕。太子芝草知道了，急忙赶来，扑倒在床边，对奄奄一息的蛛儿说道："那日，在后花园众姑娘中，我对你一见钟情，我苦求父皇，他才答应。如果你死了，那么我也就不活了。"说着就拿起了宝剑准备自刎。

就在这时，佛主来了，他对快要出壳的蛛儿灵魂说："蜘蛛，你可曾想过，甘露（甘鹿）是由谁带到你这里来的呢？是风（长风公主）带来的，最后也是风将它带走的。甘鹿是属于长风公主的，他对你不过是生命中的一段插曲。而太子芝草是当年圆音寺门前的一棵小草，他看了你三千年，爱慕了你三千年，但你却从没有低下头看过它。蜘蛛，我再来问你，"世间什么才是最珍贵的？"蜘蛛听了这些真相之后，好像一下子大彻大悟了，她对佛主说："世间最珍贵的不是'得不到'和'已失去'，而是现在能把握的幸福。"刚说完，佛主就离开了，蛛儿的灵魂也回位了，睁开眼睛，看到正要自刎的太子芝草，她马上打落宝剑，和太子紧紧相拥……

故事结束了，你能领会蛛儿最后一刻所说的话吗？"世间最珍贵的不是'得不到'和'已失去'，而是现在能把握的幸福。"幸福是什么？幸福就在于把握现在，珍惜所有，坚信你所拥有的就是最好的。其实我们都很幸福，只是我们的眼光过高，看不到人生最简单的幸福，每个人都有他们自己的幸福，只是我们未曾体会过。幸福原来很简单，复杂的心把它过于复杂化，单纯的心自会拥有一份最美最真的幸福。

遇到你真正爱的人时，要努力争取和他相伴一生的机会！因为当他离去时，一切都来不及了。遇到可相信的朋友时，要好好和他相处下去！因为在人的一生中，遇到知己真的不容易。遇到人生中的贵人时，要记得好好感激，因为他是你人生的转折点。遇到曾经爱过的人时，要微笑着向他感激，因为他是让你更懂爱的人。遇到曾经恨过的人时，要微笑着向他打招呼，因为他让你更加坚强。遇到曾经背叛你的人时，要跟他好好聊一聊。因为若不是他，今天的你不会懂得这世界。遇到曾经偷偷喜欢你的人时，要祝他幸福。因为你喜欢他时，不是希望他幸福快乐吗？遇到匆匆离开你人生的人时，要谢谢他走过你的人生。因为他是你精彩回忆的一部分。遇到曾经和你有误会的人时，要趁现在把误会解释清楚。因为你可能只有这一次机会解释清楚。对于现在和你相伴的人，要百分之百地感谢他爱你，因为你们现在都得到幸福和真爱。

如何获得幸福

一只小猫听说只要咬到自己的尾巴就会幸福，于是小猫拼命地咬自己的尾巴，但是怎样也咬不到。于是它跑到猫妈妈那里说：妈妈，我咬不到尾巴，我得不到幸福。猫妈妈对小猫说：傻瓜，你不要管自己的尾巴，只管向前走就会找到幸福了。于是小猫又高兴地走开去玩耍了。

幸福是什么？怎样才能得到幸福？恐怕我们也像那只小猫一样的迷茫。在追求幸福的路途中，往往迷失方向。追求幸福是每个人的权利，获得幸福是人生的目的。但是幸福不是从天上掉下来的，把幸福寄托在命运的恩赐上，是绝对不可能获得真正的幸福的。幸福是一种过程，正如林特耐所言，我们称为幸福的东西，绝不是某种东西，而是某种过程。真正的幸福并不在于目标是否达到，而在于为达到目标所进行的奋斗之中。

幸福与快乐有关，又不完全等同于快乐。词典上说，"感到幸福或满意"即为快乐。感到幸福当然是快乐的，但感到满意与快乐不一定会感到幸福。幸福是一种更高、也更深刻的人生境界。

幸福是一种理想的实现，更是一种对理想的追求。追求即幸福，一如马克思所说的"斗争就是幸福"。德国学者莱辛说，幸福存在于追求理想的过程中，追求理想比实现理想更有意义。追求崇高的理想，就有了崇高的人生境界，就有了高品位的幸福人生。尽管我们不一定每个人都能实现人生理想，但追求过、奋斗过、拼搏过就是幸福。这就像体育比赛中的"重在参与"，没有跑道上其他7位运动员的参与，也就没有了精彩的比赛，更不会有冠军的诞生。为理想和事业而奋斗的过程使我们感到充实，充实的人生才是幸福的人生。幸福是一种"善"的品格，是一种爱心的奉献，是一种关心他人胜过关心自己的人生大境界。"他为人民谋幸福"的领袖是幸福的；"为官一任，造福一方"的领导干部是幸福的；"先天下之忧而忧，后天下之乐而乐"的仁人志士们是幸福的。"把大写的人字写向蔚蓝的天空"是幸福的；"他心里装着广大人民群众，就是没有他自己"是幸福的；"把藏族人民的疾苦看成是自己的疾苦，把藏族人民的幸福看成是自己的幸福"是幸福的……这可都是金子般珍贵的"精神幸福"啊！那些"把自己的幸福建在他人的痛苦之上"的人，哪有什么真正的幸福呢？那是对真正幸福的践踏……

我们如何在生活中获得幸福呢？有些小建议可以提供给大家分享：

• 不抱怨生活：幸福的人并不比其他人拥有更多的幸福，而是因为他们对待生活和困难的态度不同，他们不会在"生活为什么对我如此不公平"的问题上作长时间的纠缠，而是努力去寻求解决问题的方法。

• 不贪图安逸：幸福的人总是离开让自己感到安逸的生活环境，幸福有时是离开了安逸生活才会积累出的感觉，从来不求改变的人自然缺乏丰富的生活经验，也就难感受到幸福。

• 感受友情：广交朋友并不一定带来幸福感，而一段浓厚的友谊才能让你感到幸福，友谊所衍生的归属感和团结精神让人感到被信任和充实，幸福的人几乎都拥有团结人的天才。

• 勤奋工作：专注于某一项活动能够刺激人体内特有的一种荷尔蒙的分泌，它能让人处于一种愉悦的状态。工作能发掘人的潜能，让人感到被需要，这给予人充实感。

• 降低负面影响：少接受些有关灾难、谋杀或其他的负面消息，这样，无形中就保持了对世界的一份美好乐观的态度。

• 生活的理想：幸福的人总是不断地为自己树立一些目标，通常我们会重视短期目标而轻视长期目标，而长期目标的实现更能给我们带来幸福感，你可以把你的目标写下来，让自己清楚地知道为什么而活。

• 给自己动力：通常人们只有通过快乐和有趣的事情才能够拥有轻松的心情，但是幸福的人能从恐惧和愤怒中获得动力，他们不会因为困难而感到沮丧。

• 规律的生活：幸福的人从不把生活弄得一团糟，至少在思想上是条理清晰的，这有助于保持轻松的生活态度，他们会将一切收拾得有条不紊，整齐而有序的生活让人感到自信，也更容易感到满足和快乐。

• 珍惜时间：幸福的人很少体会到被时间牵着鼻子走的感觉。另外，专注还能使身体提高预防疾病的能力，因为，每30分钟大脑会有意识地花90秒收集信息，感受外部环境，检查呼吸系统的状况以及身体各器官的活动。

• 心怀感激：抱怨的人把精力全部集中在对生活的不满之处，而幸福的人把注意力集中在能令他们开心的事情上，所以，他们更多地感受到生活中美好的一面，因为对生活的这份感激，所以他们才感到幸福。

幸福是心灵的一种状态，它伴随着宽松欢愉的想法，幸福是我们内在的一种功能，要充分理解这一点，我们还要充分认识到内在的忧虑。它们是不同的实体，像人的两只耳朵，在日常生活中相互联系、相互制约。只要我们理解自己是谁，我们就能决定用哪一个功能为自己服务，因为我们能够控制它们。我们既能养成忧虑的习惯，也能养成幸福的习惯。

 享受幸福

有些人总觉得自己不幸福，这是因为他们不懂得在幸福的时候享受幸福，更不懂得在苦难的时候回味幸福。幸福是勤劳、勇敢和智慧的结晶，它是快乐的时刻，是一种心灵的感觉。

既然幸福是人生中最美好的时刻，那么，我们怎样来享受它呢？享受幸福就要快乐地享受生活。当幸福来临的时候，我们要激情地享受每一分钟，让它像纯净的酒精一样燃烧成淡蓝色的火焰，不留一丝渣滓。当苦难来临的时候，我们要经常回味以前幸福的时光，这样我们的心情就会变得愉快，面对困境也就比较乐观，从而能够更好地迎接下一个幸福的到来。我们虽然不能够让自己的每天都充满幸福，但只要我们更积极地把握幸福，我们就有可能拥有更多的幸福。

不要活在过去中或只是为了未来而活，而轻易地让你的生命由指端滑落。重视现在、把握当下，才能每天都过着很充实的生活。当你仍可以给

予时，不要轻言放弃；在你停止尝试之前，没有任何一件事情是已经结束的。不要害怕承认自己是不完美的；不要害怕面对风险，我们在尝试中学会勇敢；不要说真爱难寻，而将爱排除在你的生活之外。

你应该善于投资运用，以换取最大的健康、快乐与成功。时间总是不停地在运转，你可以努力让每个今天都有最佳的收获。记住别让生命都用在等待之中。"等我20岁以后，等到我大学毕业以后，等到结婚以后，等到我买房子以后，等我最小的孩子结婚之后，等我把这笔生意谈成之后，等到我退休以后……"人人都很愿意牺牲当下，去换取未知的等待；牺牲今生今世的辛苦钱，去购买后世的安逸。许多人认为，必须等到某个时间或某件事完成之后，再来采取行动。

然而，生活总是一直在变动，环境总是不可预知。现实生活中，各种突发状况总是层出不穷，你永远不知道下一秒钟，会发生什么事。有时候一瞬间，生命的巨轮倾覆，你可能就因此闯进一片黑暗之中。

那么我们要如何面对生命呢？我们无需等到生活完美无瑕，也无需等到一切都平稳时才做，想做什么，现在就可以开始做起。

一个人永远无法预料未来，所以，不要延迟想过的生活，不要吝于表达心中的话，因为，生命只在一瞬间。每个人的生命都有尽头，许多人经常在生命即将结束时，才发现自己还有很多事情没有做，有许多话来不及说，这实在是人生最大的遗憾。别让自己徒留为时已晚的空余恨。逝者不可追，来者犹未卜，最珍贵、最需要实时掌握的当下，往往在这两者蹉跎间，转眼即失。这也道尽了人生如寄，转眼即失的惶恐。有许多事，在你还不懂得珍惜之前已成憾事，有许多人，在你还来不及用心之前已成旧人。遗憾的事一再发生，不断追悔早知道如何如何是没有用的，"那时候"已经过去，你追念的人也已走过了你的生命。

不管你是否察觉，生命一直在前进。人生并未出售返程票，失去的便永远不再回来。将希望寄予"等到空闲的时间才享受"，我们不知道失去了多少可能的幸福。不要再等待有一天"你可以松口气",或是"麻烦都过去了",才去实现你的目标或理想。生命中大部分的美好事物,都是短暂易逝的,享受它们、品尝它们,善待你周围的每一个人,别把时间浪费在等待所有难题都有完满结局。

顺境感恩,逆境喜乐

北欧一座教堂里,有一尊耶稣被钉在十字架上的雕像,大小和一般人差不多。因为有求必应,因此专程前来这里祈祷,膜拜的人特别多,几乎可以用门庭若市来形容。

教堂里有位看门人,看十字架上的耶稣每天要应付这么多人的要求,觉得于心不忍,他希望能分担耶稣的辛苦。有一天他在祈祷时,向耶稣表明这份心愿。意外地,他听到了一个声音,说:"好啊!我下来为你看门,你上来钉在十字架上。但是,有个条件,不论你看到什么、听到什么,都不可以说一句话。"

这位先生觉得,这个要求很简单。于是耶稣下来,看门的先生上去,像耶稣被钉在十字架般地伸张双臂。本来雕像雕刻得和真人差不多,所以来膜拜的群众不疑有他,这位先生也依照先前的约定,静默不语,聆听信友的心声。

来往的人潮络绎不绝,他们的祈求,有合理的,有不合理的,千奇百怪不一而足。但无论如何,他都强忍下来而没有说话,因为他必须信守先前的承诺。

有一天来了一位富商，当富商祈祷完后，竟然忘记手边的钱便离去。他看在眼里，真想叫这位富商回来，但是，他憋着不能说。接着来了一位三餐不继的穷人，他祈祷耶稣能帮助他渡过生活的难关。当要离去时，发现先前那位富商留下的袋子，打开，里面全是钱。穷人高兴得不得了，觉得耶稣真好，有求必应，便万分感谢地离去。十字架上伪装的耶稣看在眼里，想告诉他，这不是你的。但是，约定在先，他仍然憋着不能说。接下来有一位要出海远行的年轻人来到，他是来祈求耶稣降福他平安。正当要离去时，富商冲进来，抓住年轻人的衣襟，要年轻人还钱，年轻人不明就里，两人吵了起来。

这个时候，十字架上伪装的耶稣终于忍不住，遂开口说话了。既然事情清楚了，富商便去找冒牌耶稣所形容的穷人，而年轻人则匆匆离去，生怕搭不上船。化装成看门的耶稣出现了，指着十字架上的人说："你下来吧！那个位置你没有资格了。"看门人说："我说出事实来，难道不对吗？"耶稣说："你懂得什么？那位富商并不缺钱，他那袋钱不过用来挥霍，可是对那穷人，却是可以挽回一家大小生计；最可怜的是那位年轻人，如果富商一直缠下去，延误了他出海的时间，他还能保住一条命，而现在，他所搭乘的船正沉入海中。"

这是一个听起来像笑话的寓言故事，却透露出：在现实生活中，我们常自认为怎么样才是最好的，但事与愿违，使我们意不能平。我们必须相信：目前我们所拥有的，不论顺境、逆境，都是对我们最好的安排。若能如此，我们才能在顺境中感恩，在逆境中依旧心存喜乐。

马斯洛曾说：

心若改变，你的态度跟着改变；

态度改变，你的习惯跟着改变；

习惯改变，你的性格跟着改变；

性格改变，你的人生跟着改变。

在顺境中感恩，在逆境中依旧心存喜乐。人生的事，没有十全十美。但是，我们应认真活在当下。

第11章

[你认识谁比你是谁更重要——社交心理学]

社交是一门学问，也是一种智慧，在社会上经过打拼最后得以成功的人，往往都是社交高手。善于社交的人，不一定有很高的学历，但在社交场合上却能表现得游刃有余。丰富的社交经验，让他能洞悉一个人内心的真实想法，能与各种各样的人交往，能在社会上左右逢源，能周旋于各种社交场合。

为什么要进行人际交往

　　心理学家马斯洛曾经指出：人类有五大类需要——生理需要、安全需要、归属和爱的需要、尊重的需要和自我实现的需要。上述每一种需要的满足都离不开人际交往，通过人际交往，人们实现了个体的社会化过程。人际交往伴随着人的一生，是人的基本需要之一。缺乏或被剥夺了正常的交往活动，个体就会出现消极情绪反应和心理紊乱，久之便导致身心疾病。因此，人际交往是维持人的正常心理、生理健康的必要因素。

　　心理学家研究认为，人际交往的心理需求可以分为三个方面：本能、自我肯定的需要和合群需要。

1. 本能

　　心理学家认为，人际交往需要是个体在发展进化的过程中逐渐形成的，这是一种适应社会生活的能力，属于个体通过遗传直接传递给后代的本能之一。在远古时代，个体的自我保护能力非常低，在危机四伏的自然界中，只有采取集体行动、依靠群体的力量，才能抵御外敌的侵害，从而保持种族的繁衍。经过漫长的进化和演变过程，古猿逐渐形成了群居习性，并将这种习性遗传给后代。

　　大量的研究表明，人类个体早期的社会性交往是日后适应社会生活的基础，也是个体的个性发展的基础。人类个体最早形成的社会性交往是婴儿和母亲的交往：婴儿一出生就需要周围环境能为其提供温暖、舒适、食物和安全，以保证其健康成长；通常母亲能为其提供这些需要，于是婴儿与母亲进行了积极交往和情感联系。社会心理学家研究发现，婴儿通过和母亲的积极交往，学会和形成了团结、同情、关心、帮助他人、与人分享、合作、谦让、尊敬长辈、文明礼貌等大量的社会行为规范和许多良好的社会行为，习得了最初的社会交往技能，如学会了如何参与交往、发动交往、维持交往和解决交往中的冲突和矛盾等，并积累了社会交往经验。因此可以说，母婴关系是诸多其他社会关系形成的基础，在很大程度上影响了婴儿以后人际关系的形成和质量。

人类天生就有与别人共处、与别人交往的本能需要；只有在与别人的正常交往中，保持一定的情感联系、形成亲密的人际关系，人才会有安全感；人类的这种本能需要影响和制约着个体的健康成长和发展。

2. 自我肯定的需要

随着自身生理方面的成熟、对周围环境认识的加深，婴儿逐渐能够区分开自己与周围环境的关系、自己与他人的关系，也就产生了自我意识。但个体对自己真正的了解，还必须依赖于与他人的交往。

20世纪初的社会学家发现，个体的自我认识开始于认识别人的评价。个体可以从别人对待自己的评价、态度、行为方式之中了解自己、界定自己，形成相应的自我概念。例如，如果一个孩子被他的父母所钟爱、被老师所重视、被朋友所喜欢和尊重，那么他就一定会认为自己是一个具有某些令人喜爱的品质的人；如果个体从出生起就没有接触人类社会、没有与人正常交往的机会，那么他的自我概念发展就会受到抑制，尽管其各方面的生理机能可能发展正常。个体的自我概念会引导个体塑造实际的自我。所以，在有效的社会人际交往中了解别人对自己的态度和评价，我们就可以更好地了解自己、确立自己在群体中的地位、树立相应可行的奋斗目标。

一般地，我们不会满足于只知道自己的一些品质或某些特征。心理学研究发现，个体总喜欢选择一些心理上愿意接受的群体，将自己的态度、价值观和行为等与这些群体对照，并接受这些群体对自己的影响。这个过程离不开社会人际交往。比如，当一个人知道自己的身高达到170厘米的时候，他一定还会产生同龄人的平均身高是多少、自己在同龄群体中是高还是矮等问题，而这必须和别人去交流才会获得答案。我们与他人比较，不仅限于自己生活周围的同龄人，有时也会与一些理想中的人进行比较，比如自己的父母、老师、英雄人物、青春偶像等，比较之后往往就会受到他们的影响。

与他人比较并不是最理想的了解自己的方法，因为别人不一定完全了解我们的内心世界，或者心存偏见，其评价也不一定正确、客观、公平。过分依赖他人的评价来认识自己，会形成不恰当的自我概念和不良的行为方式。正确的做法是，既要与别人相比，以了解自己与别人的差距和自己的独特之处，同时又要与自己相比，以看到自己的进步和发展。如此这般，我们才会更好地成长和发展。

3. 合群需要

个体的合群需要也是产生人际交往的心理需要之一。每一个人都有合群需要，适当的人际交往是个体满足自身合群需要的手段。

心理学家曾经做过一项实验：将实验对象分为高恐惧组和低恐惧组。在高恐惧组条件下，实验对象被告知，他们将参加一项电击实验，电击会很痛，但不会留下永久性伤害；在低恐惧组条件下，实验对象被告知，电击只是有些轻微的震动，不会有任何伤害性后果。然后，在被试者等待接受电击的时间里，研究者逐个询问他们是愿意独自等待还是想与其他人一起等待。结果发现，高恐惧组个体倾向于寻求与他人在一起、倾向于寻求他人伴同；低恐惧组个体的这种倾向没有那么强烈。可见，与人交往能增加人的安全感。

人们在日常生活中何尝不是如此。在漆黑的夜晚，当你一个人走在一条小路上时，你是不是很渴望有人来作伴呢？如果听到说话声，你是不是顿时觉得释然了许多？

像个成功人物的二十条军规

美国西兰军校有著名的二十二条军规，在成功圈里，也流行着这样的军规。

1. 在发表意见的时候，将意见整合为若干大项

说话清晰，可以让人觉得"头脑好"，这一道理相信大家都同意。但如何说才能口齿清晰呢？最好的方法，是一开始就将今天所要讲的话有哪几大项以及每一项的内容又如何等先说清楚！

为什么要先做上述的报告呢？由于人类是一种喜欢推理的动物，因此一旦事先表明了大概的内容，听众就可以一边听讲，一边进行下一步骤要说什么的推测，并且由于有了某些心理上的准备，他们对讲演内容的吸收也会特别快。

换句话说，事先简单地说明将要讲演的内容，由于听众已经有了某种程度的心理准备，因此就算讲演的人偶尔口齿不清，也不会影响到听众的感受，因此可以让他们产生"此人头脑不错"的印象。

2. 每次都能将意见归纳成3项，别人就会对你的归纳能力留下深刻的印象

人们对于"3"总是有一种特殊的感觉。"3"往往可以带给人们一种安全感。具有说服力的人，往往善于利用"3"的战术。有位商社的副社长士光敏夫先生就是其中的佼佼者。他对于任何问题的答复都是"这个问题有3个答案"，并且在回答问题时也都将问题归纳成3项。这样不但问题被整理得容易理解，对于整个问题的探讨也颇有助益。

反过来说，若将问题的答案仅仅限定为1项，则容易使人有一种武断的感觉，如限定为2项则又易使人有左右摇摆不定的印象。

3. 任何话都尽量在3分钟以内说完，也是表现"自己头脑好"的诀窍

我们常常可以看到类似"3分钟讲演术"以及"3分钟自我介绍"的书。事实上"3分钟"对我们而言，的确具有特殊的作用。通常一般人讲3分钟的内容，是不用看稿可以侃侃而谈的极限。

据有人在广播电台主持每天2分50秒的迷你节目的经验，发现这一时间正好可以不多不少地讲完一个主题。以一般谈话的内容而言，1分钟太短，5分钟又太长！

为什么？事实上3分钟是人类表达自己意见的最适当时间。任何谈话只要有3分钟，就可以表达得清清楚楚。超过此时间所说的话，很可能就是废话了！

说话最重要的目的就是要让听众有良好的感受。世界上没有任何事会比内容贫瘠的话更令人觉得无聊的了。因此与其多说废话，倒不如将说话的内容精简在3分钟以内说完，这样反而容易让听众接受，并且听众还会对讲演者产生"此人头脑不错"的印象。

4. 凡事考虑周到，想到最坏的结果

举一个很简单的例子，假定有一位汽车推销员，他每月销售业绩是30辆汽车，但本月他只销售了10辆汽车。如果事先他已向上司报告说："这个月由于其他车厂推出新型车，因此预测自己本月只能卖出四五辆汽车。"如今卖出了10辆汽车的这一事实，看起来就不再是一项缺憾而是一项突破了。但若他事先向上司表示"虽然这个月份其他车厂推出了新型车，但我至少可以卖出十四五辆汽车"，则售出10辆汽车的这项事实，就会被认为是一项"失败"！

5. 平常说话时偶尔加入一两个专业名词，可以使人感觉你有深度

当我们坐在车上或咖啡厅里，听到旁边有人说外国话或专业名词时，我们的目光往往会不由自主地去注视他们。

这种现象就是记忆心理学上所谓的"凝离效果"。例如，若将一个特殊符号放在一大堆数字当中，则这个特别符号一定会特别醒目，这就是所谓的"凝离效果"。

所以当你追求女朋友的时候，如果常在谈话中加入一些外语，对方往往会觉得你很有学问。一旦感觉某人有学问，我们对于这个人谈话的内容就会格外注意。

反过来说，若总用这种方法，则不但"凝离效果"会越来越淡，并且反倒会使对方感觉谈话的人肤浅甚至卖弄！如此不但达不到表现自己有学问的目的，反而会给对方留下坏印象。因此，卖弄深度也得适可而止。

6. 若想让别人接受自己的意见，可以尝试以名言或谚语的方式表达自己的意见

有时我们想拒绝一件事，往往由于某些因素，我们无法很干脆地拒绝，因为一不小心就可能又树立了另一个敌人！

此时我们就必须找借口来拒绝了。但若所找的借口又与自己有密切的关系时，虽然对方因此接受了我们的拒绝，但他同时也会感觉到直接被人拒绝的愤怒。

那么如何才能既不伤感情又达到拒绝的目的呢？通常，若要真正地做到两全其美，是相当困难的。这里有一个比较理想的方法，你不妨试一试。那就是翻一翻历史，找一找历史名人们说过的话，是否有适合自己目前处境的名言。若有，则我们可借该名人的话，向对方表达自己想表示的意思。例如，我们可以用"孔子曾说……"的方式来表达（暗示）自己目前的心境。这样一来，对方的感受往往也不会再那么强烈，而我们想拒绝的目的就达到了。

此外，引用名言或谚语，往往也可以加强自己的说服力。这就是心理学上所谓的"威光暗示"效果。

7. 叙述数字时若能将个位数也表示清楚，可以提高别人对自己的信赖感

试想，如果我们听到对方把小数点以下的数字，都清清楚楚地说出来，我们有什么感觉？是否会认为对方的记忆力惊人？通常有些人被尊为"超人"，就是因为他们肯下工夫，将小数点后的数字都记起来的缘故。

其实牢记数字，往往还能让听讲的人产生信赖感。例如有一位杂货店的老板到银行申请贷款时，他要求银行借他91万元。银行的经理觉得很奇怪，就问他为何不干脆借100万元。这位老板很坚决地表示，他贷款的金额经过他仔细计算，确实只需借91万元，因此他只要借91万元即可。银行经理听到后觉得他非常可靠，于是立刻批准了他的贷款。

8. 某些畅销书就算没读过，别人提到时也要表现出感兴趣的样子

无论从事何种工作，一旦丧失了时代感，就不可能会有任何进步。事实上，在各种变化都很激烈的时代，"时代感"是每个人都不可缺少的一种素质。

为了达到具有时代感的目的，我们必须对流行语、广告词、电视的热门节目、各种周刊、杂志以及畅销书等，都有一定程度的了解。虽然许多流行现象并没有太值得我们学习的地方，但由于它们是一种社会时尚，因此我们也不能轻易地否定他们。

虽然有人认为，只读畅销书的人没什么水平，但事实上却不尽然。姑且不论它的内容如何，只要由它能在短短的时间里就拥有一二百万的读者这一事实来看，就可以知道这实在是一种不可忽视的社会时尚。

因此，虽然我们不见得一定要读完所有的畅销书，但在报纸杂志上看到介绍畅销书的文章不妨看一看，对于我们只有好处而没有坏处！原因是我们很可能在许多聊天的场合，听到其他的人以目前畅销书内容来作为话题。若自己连书名、作者都不清楚，试想别人对你的印象将会如何？

畅销书明显地反映了一个时代的发展趋势，对畅销书有几分了解，至少表明我们不是"out"一族。

9. 与他人一起就餐时，对于菜品的选择不要优柔寡断

有些人在与人一起到餐厅用餐时，常常无法决定自己要吃的东西。另外，有些人还会在好不容易决定自己要吃的东西后，又要求取消而另外再更换其他的东西。此时，如果是女孩子，旁人还可以容忍，但若是男人，则会给人留下优柔寡断的坏印象，并且还会被人瞧不起。

虽然有人或许会说，只不过是无法决定自己想吃什么，怎么会被人认为优柔寡断？根本就是小事一桩！但若换个角度来看，就因为是小事，才必须更加注意！

倘若我们要做一个与自己或公司未来命运有关的重大决定时，任何人都不可能立刻决定。就算看似立刻决定，那也是由于他平时就已对这个问题进行了思考，早就胸有成竹。

不过对于决定自己要吃什么，相信任何人都应该能在短时间内决定。若连吃什么这种决定都要想来想去，则别人就会很自然地联想到，若让他决定一件比吃什么更难、更重大的问题时，他的表现又将如何。

10. 与人约定下次见面时间时不妨先翻看一下记事本，再确定时间，可提升自己的社交价值

与人约定时间时，对方通常会有两种反应：一种是表示什么时间都可以，而另一种则表示要翻一翻记事本，看看哪个时间可以。

排除一些特殊的情况，如果你表示什么时间都可以，可能会给人留下无所事事的感觉，如果你将自己的日程表拿出来，则会显示出自己的重要性，从而提升自己的社交价值。

11. 为了看起来像个"大人物"，不妨将各种动作放慢

从前有位朋友曾与一位号称最伟大的记者有过一面之缘，虽然他的言谈举止相当有深度，但给人的感觉不像是大人物。事后想想，这是由于那位记者的各种动作不够稳重的缘故。虽然动作与人的本质并没有直接的关系，但我们对一个人的印象，却往往会因他所表现的动作而有所改变。

人一向就有一种先入为主的观念。通常所说的大人物，他的各种动作一定是缓慢而稳重的。因此若想让别人把你当作大人物般看待，就应该刻意地将自己的各种动作放慢。缓慢且稳重的动作，不论在视觉或心理上，都可以让对方感觉到你是个大人物！

12. 逆光走向对方会使人产生此人较"大"的感觉

欧美人士相当重视心理学在商业上的应用。尤其是身为公司的高级干部，他们平时更重视自己的服装、室内摆饰等等，都以尽可能给人留下好印象为目的。

在美国还有专为此论点写的一本很厚的书。书中分别说明大人物的谈吐（由如何选词造句到每句话之间应停顿多少等）、应对表情、说话的语调姿态、抽烟的姿势等等，巨细无遗。其中最让人觉得有趣的，就是它还提到"逆光走向对方会使人产生此人较'大'的错觉"。

逆光当然不容易让对方看清楚自己脸上的表情，因此会让对方产生不知道他在想什么的威胁及压迫感。有些人甚至按自己谈话的对象或内容，调整自己房间内灯光的明亮度，从而制造最适当的气氛。

我们或许还用不着做到这种地步，不过在与人说话时选择逆光的位置的确比较好。因为逆光会使对方看不清楚我们脸上的表情，一旦我们露出犹豫不决的表情时，对方也不容易察觉，从而可使自己为别人留下好印象。

13. 直条纹的衣服可使你看起来较高

错觉是视觉心理的一种原理。其中常被人应用的是直条纹与横条纹带给人的视觉差异。这项错觉原理常被应用在服装上，我们若想使自己看起来个子高一点，不妨穿直条纹的衣服；反之，若想使自己看起来胖一点，则可改穿横条纹的衣服。

对自己身高不满意的人，可以常穿直条纹的衣服，使别人产生错觉。根据美国一所大学的研究报告，身高与未来的升迁有绝对的关系。一般人站在个子比自己高的人身边，多少总会感受到有一股压迫感，这是一项不争的事实。换言之，身材高大的人可以让别人产生自己能力强的错觉。因此我们应该多穿直条纹的衣服，让自己看起来更高更大。这样可以给别人一种大人物的印象。

14．一定要对交谈对象的谈话内容有所回应

以前有两位杂志社的编辑，有一次为了连载小说的刊登事宜，两人一起到一位小说作家的家中拜访。其中有一位是老资格的编辑，另一位则是初出茅庐的新编辑。

见面时由老资格的编辑展开话题，但是为了日后交接工作，他仍刻意地安排让同来的新编辑有说话的机会。可是那位新编辑却根本不搭腔。第二天，那位作家就打电话来向老编辑表示"昨天与你同来的那位老弟头脑是否有问题？"

显然，几乎每个人在说话时，都希望得到对方的回应，倘若对方没有任何回应，说话者便会认为听话者对自己的谈话内容一点都不感兴趣，至少是心不在焉的。因此我们在听人说话时，一定要有所回应，哪怕只是轻轻地点头默许，或者针对某些讲话内容提出自己的疑问，都会让对方感到你正在关注着他。

15．重复"我认为……""我的……"等话语，可以加深别人对自己的印象

我们在一些演讲场合，经常可以听到演讲者在他们的话中，不时重复"我认为""我的……"等语。对于这些从事政治活动的人而言，向大众推销自己是最迫切需要的事。而多用"我"这个字眼，正是加深别人印象的主要方法。

与欧美的语言比较，东方人原本就比较少用"我"这个字，并且在日常的生活中，东方人通常都会尽量避免用"我"这个字。那么为何东方人会避免用"我"这个字呢？最主要的原因，就是在潜意识中想逃避责任，不想让对方知道这是自己的意见、自己的感受。换而言之就是一种潜在的防卫意识，认为如此做同时还能避免与周围的人发生冲突。

的确，一个人若不时地表达"我的看法是……"或"我认为……"，则往往会给人自大、固执的印象。相反，若想让别人对自己留下深刻的印象，则不妨在言谈中多使用"我认为……"或"我的……"等话语。但这种方法不宜使用太频繁，否则反而会有反效果。这一点必须特别注意。

16. 将自己的"特点"归纳在3个以内，可以加深别人的印象

在日本的东北部，有一家知名度颇高的饭店。这家饭店虽然并不是什么百年饭店，但附近的人们举行喜庆宴会时，大多数都会选择在这家饭店举行。据了解，当地的人认为若能在这家饭店举行婚礼，是件非常值得骄傲的事。这家饭店之所以能够如此成功，完全要归功于这家饭店的总经理，他将该饭店的特点归纳为两个：其一，饭店推出正统式餐饮；其二，饭店所装饰的吊灯，都是价钱极为昂贵的高级货。据说他们最小房间中所装设的吊灯，价值就有4 000万日元，大房间中的吊灯，价格更高达1亿日元！因此，当你到达那个城市之后，只要向计程车司机表示要到这家饭店，司机就会立刻反问："是那家推出正统餐饮的饭店吗？"或"是那家装设昂贵吊灯的饭店吗？"

由此可见，在向外界展示自己的时候，尽量将自己的特点归纳为少数几项，反而更能加深对方的印象。

17. 专精于某一件事，往往可让人另眼相看

在日本NHK担任巴洛克音乐解说的皆川达夫先生，他因在NHK从事巴洛克音乐的解说工作，而获得意大利的音乐首奖。他也是巴洛克音乐的权威。他的本职是教大学西洋音乐史的教授，但他的兴趣却极为广泛，有的兴趣甚至和他的本职毫无关系。高中的时候他曾参加歌舞剧的演出，而且

对于葡萄酒也非常内行，甚至还写了一本有关葡萄酒的书。

虽然一般人或许无法像皆川先生一样，对于任何事都非常深入，但专门研究某一件事并且深入探讨，则是任何人都能做到的！例如对葡萄酒有兴趣的话，只要稍微下一点工夫，很快就能精通，甚至成为专家。或者以世界各国的语言来练习"早安"和"你好"，甚至学习一些口技（如学公鸡叫）等都可以给别人留下深刻的印象。这些雕虫小技虽然看似无聊，但往往可因此使别人对你另眼相看。

18. 不按既定规则办事，可给别人留下"能干"的印象

一些公司每年都会举办许多活动，因此每个职员都会有承办活动的机会。当我们被选派承办活动时，正是我们表现自己的大好机会。此时若能避免因循守旧，就可以给同事留下"能力强"的印象。

不过也不必样样都与众不同。例如，主办年终聚餐活动时，只要选一个别人都没去过的好场所，让大家吃惊一下，那也就够了。

但必须注意的是，若平时工作不努力，只在主办一些宴会时大出风头，则别人对他的印象也不会太好，或许别人会私下戏称他是宴会部长。

因此这些与众不同的变化，最好别太夸张，只在一些细节上去求变化即可。另外，自己平时的工作表现也必须力求完美，这样才能给同事留下工作能力强又会玩的好印象。在社会上只会工作不懂娱乐的人，并不见得会受到别人的尊敬，既会工作又会玩的人，才真正会受到大家的尊重。

19. 腰部挺直的坐姿，可让人留下"才俊"的印象

腰部挺直给人的印象往往会非常好。缩成一团坐在椅子上，不但表现出没有自信，并且还可能让对方留下你畏惧他的印象。

正确的姿势会让人产生私生活正常和思想正直（即不会胡思乱想，把别人的好意当成恶意）的印象。另外正确的坐姿还会给人诚实以及能力强、"才俊"的印象。

在参加会议或面谈等重要的场合时，尤其应该注意挺直自己的腰杆。

209 ▶▶

事实上，在这类场合，腰杆是否挺直，往往是成败的关键所在，因为驼背的人再怎么看，都不可能会像是"才俊"。

再从心理学的观点来看，驼背的人通常都比较内向，防卫意识也比较强，同时也可能是较不合群的人。

20. 说话时直视对方的眼睛，可以给对方留下好印象

由于工作的关系，我们经常会接触到各式各样的人。他们的年龄、嗜好、职业与社会地位都不尽相同。其中最能让人留下好印象的，是那些与你说话时直视你眼睛的人！

谈话时相互凝视对方，对双方来说都会产生紧张感，因此我们会因为在潜意识中想逃避这种紧张，无意中将视线飘离对方的眼睛。最明显的例子就是搭乘电梯时，大家都会不约而同地注视电梯的天花板或地板，避免彼此目光的接触。

因此，我们若能注视着对方的眼睛说话，相对地，就会给对方留下我们对自己充满自信的好印象！相反，若我们逃避对方的视线说话，则往往会给对方留下自信心不足的印象，同时也在不知不觉中降低了自己在对方心目中的分量。

许多人都有眼睛看着下方说话的习惯。这种表现往往会让对方留下非常软弱的印象，对当事者来说，是非常大的损失。直视对方的眼睛说话虽然会有少许的紧张感，但仍应养成注视对方眼睛说话的习惯。尤其要说服对方时，这一点绝对必要。因为注视对方的眼睛说话，正是让对方感受到你的压力及信心，同时也是提高说服力的最有效方法！

如何 为自己的可信赖度加分

我们每个人都希望自己被别人依赖，获得别人的认可。然而依赖与认可补一句话就能获得，它有一定的方法和智慧。

1. 不要刻意隐藏缺点，要知道，刻意隐藏缺点是"欲盖弥彰"

百货公司偶尔会举行次品大拍卖。一旦这种大拍卖展开，每天都会吸引许多的人前往抢购，为什么次品也会如此受欢迎呢？

人的心理通常是隐恶扬善的，所以他们会想尽办法去掩饰缺点，宣扬优点。因此，一旦有人明确地指出自己产品的缺点，反而会让人觉得这家公司很诚实而对它产生信赖感（当然价钱低也是吸引人抢购的原因之一）。

做人的道理也是一样。将自己的缺点明白地表示出来，往往会得到别人的信赖。但这并不是说要将自己的缺点一五一十全都说出来，这样做不但得不到上述效果，反而会收到破坏自己形象的反面效果。

那么应该怎么做效果才会最好呢？我们可以透露自己的缺点，但不能太多，顶多透露一两项无关紧要的缺点。有少许小缺点的人，给人的感觉往往是"虽然有少许缺点，但大体上很好"。这样的人往往更能获得别人的信赖。

2. 知之为知之，不知为不知，是知也

一次，美国加州大学的一位教授讲课，教授揭示出他做的一项老鼠实验的结果。此时有一位学生突然举手发问，提出了自己的看法，并问这位教授假如用另一种方法来做，实验结果将会如何。会场的听众都看着这位教授，等着看他如何回答这个他根本就不可能做过的实验。结果这位教授却不慌不忙，直截了当地说"我没做过这个实验，我不知道"。

同样的情况若发生在东方某位教授身上，情形可能就会完全不同。他一定会绞尽脑汁，说出"我想结果会是……"的话。

一般人都有不想让别人看出自己弱点的心理，因此，很难开口说"不知道"。但有时承认不知道，反而可以增加别人对我们的信任。

因为直截了当地说不知道，会给人留下非常诚实的印象，并且敢说不知道的人，其勇气也是别人所佩服的。对于这种人所说的其他答案，别人会认为一定是千真万确的才会说，因此对他也就会更加信任。

3. 放慢说话的速度，给人留下诚实的好印象

优秀的推销员绝大部分都是木讷型的。虽然这并不表示口齿伶俐的人不适合当推销员，但口齿伶俐并不是一个推销员所必须具备的条件。事实上，太过于伶牙俐齿，往往会让人产生反射性的怀疑——真的这么好吗？反过来说，若是木讷点，反而会令对方产生"诚实"的印象，会有听听看再说的念头。

当然要促使顾客有购买欲望，必须运用各种促销技巧才能达成。但最重要的是获得对方的信任。

这一点推销员在任何需要说服别人的场合都可能应用得到。尤其是想打动一个人的心时，说话速度太快往往只会导致相反的结果。或许我们是不想浪费对方太多的时间，才会快速地叙述我们所要表达的一切，以免因太多地占用对方的时间而留下坏印象。但事实上，我们传达给对方的不只是一些表面的数据资料，最重要的是让对方产生信任感。若不能获得对方的信赖，我们表达再多的资料也是杆然。

因此，我们应该借助一些技巧，来争取对方的信任。其中最简单有效的方法，就是将说话的速度放慢。尤其是与人初次见面的时候更需要如

此，这样才不会让对方留下轻浮的坏印象。

4. 果断地表达自己的观点

算命的人在给人算命时，虽然开头会讲各种模棱两可的话，但到了最后，一定会说"你将会如何如何"而不会说"你可能会如何如何"。这些算命的人，对于果断式的心理暗示效果非常清楚，才会说出这样的话，让人产生信服的感觉。

另外，这类暗示效果也常被应用在催眠术上。

当初松下电器公司开始创建时，松下幸之助把奋斗的目标设定在谁也无法相信的最高数值上。但他本人却充满了信心，对任何人都表示"松下公司一定会如预期的成长"的态度，获得了大家的好感，结果业绩果然达到了他预期的设想。

像这样使用果断式的言论，正是表现自己有信心的绝妙方法之一。

5. 提前10分钟到达约会的地方

与人约会要守时，是尽人皆知的道理。但若是由自己主动邀请的约会，那我们就必须比约定的时间提前10分钟到达，以表现出自己的诚意。

不迟到是一种守信的行为，可给人留下诚实的印象，进而获得他人的信任感。但最重要的不是守时，而是不让对方等。因此就算我们准时到达，但若对方已先我们而到，就失去了意义。因此我们应该比预定的时间提早到达，以便等待对方的到来。

6. 只借一二十元也如期偿还

骗子最常用的方法之一，就是先向人借一点小钱，而且有借必还，等到建立起信用后，再借一笔大钱，然后逃之夭夭！虽然时代不断地进步，人们的知识水准也不断地提高，但上当的人却仍然层出不穷。

随着时代的进步，金钱的价值越来越低，因此许多人认为借一点小钱根本就用不着还。这些骗子正是利用了人们的这种心理，建立起自己诚实的形象，达到诈骗的目的。

我们也可以正面使用这种方法，建立自己的信用。换句话说，就是要靠向人借1块钱，也要记得及时偿还，从而建立起别人对我们的信任感。

这一论点不仅适用于金钱，就是与人做小小的约定时，也同样地要依约履行。这样的人才会让人信任，无论做任何事也都将更为顺利。

7. 直截了当地承认过错，可以表现自己的坦诚

考试成绩很差的小孩，往往会不敢直接回家，或者是回家后找一大堆理由，尽量推卸考不好的责任。

其实，我们向人道歉时，最好的办法是直截了当地说出对自己不利的一切。这样原本想对你发动攻击的人，也会丧失攻击的动机，因为这正表现了你的诚实。事实上，这比找一些借口支吾其词地向人解释来得有效且勇敢。

因为支吾其词，往往会给人逃避责任的印象，并且还会给对方"他根本就没有真正认错的诚意"的感觉。相反，若直截了当地认错，就可以增加自己的信誉，让对方有不妨让他再试一次的想法。由于道歉态度的各异，往往会给人截然不同的感受，这一点我们务必要牢牢记住。

8. 与其辩护，不如弥补

某公司在开会时，在发给每位与会者的资料中，因人为因素少印了几张重要的文件。虽然这几张文件对该会议并没有造成严重的影响，但事先负责影印这份文件的年轻女职员，却被她的上司叫去狠狠地骂了一顿。

这位女职员在郑重道歉后，要求她的上司让她重新影印一次，把完整的资料补发给与会的人。听到她的这项要求，上司对她的印象突然改变了。因为她不只用道歉来弥补此次工作的过失，还设法用实际行动来弥补自己的过失，表现了其强烈的责任感。从此上司对这位女职员就留下了深刻的好印象。

因此有过失时，与其辩护，还不如立刻提出改善的方法，较能表现自己的责任感，从而获得对方的好感。

9. 复述对方的问题，以表现自己对对方的高度重视

有一些人虽然喜欢演讲，但却不喜欢答复台下的人所提出的问题。的确，他们所提问题的内容有时真是莫名其妙，有时甚至会与讲演的内容毫不相干。关于这一点，有一位评论家所使用的方法就值得我们学习。

他的方法其实也很简单。每当有人向他提出问题时，他总是不厌其烦地重复一次对方的问题，再开始进行解答。而在重复问题的这短短时间当中，他就可以思考着该如何回答。这种方法往往可以让询问的人留下"他真的在认真思考我的问题"的印象，自然而然地对他产生了好感。另外，重复对方的问题还有另一个好处，那就是可以让询问的人确认自己询问的是否就是这个问题，避免因听错或会意错，而答出不相干的内容。

这种回答的方法在面试等较严肃的场合尤其有效。在这种情况下若能用这种方式回答问题，可以让主考官留下"认真"的好印象。试想，如果主考官发问后，你就立刻冲口回答或沉默不语，主考官会有怎样的感觉？收到的效果当然会是负面的。因此，不论回答的答案是否得体，开始回答问题前，先复述一次问题，绝对可以让对方留下好印象。

10. 积极响应对方的话题

我们打电话时，若对方一直闷不吭声，我们一定会觉得很不好受，似乎有被对方忽视的感觉。这一点不只在电话中，就是与人面对面谈话时，若对方毫无反应，我们也一定会觉得很不好受。

此时我们虽然可以用"嗯""喔"等语气表示我们确实在听，但最好的方法是在说到某一个段落时，重复一次对方所说的内容的重点。这样不但能消除对方的不安全感，同时也可以让他觉得我们很专心地在听，理解力也很强。事实上，这一点在公事上也可以加以应用。当上司命令我们做事时，我们每次都复述上司命令，则上司会认为下属确实已经理解了他的命令而感到放心。另外，复述上司命令，对我们本身而言，同时还具有加强记忆的作用。因此无论从哪个角度来看，复述命令对我们而言，是绝对

有益无害的。

11. "请你听我说"听起来比"我要告诉你"谦虚得多

想让对方对我们产生信任感，最主要的一点就是要消除对方的警戒心。而在谈话时，最重要的一点就是要让对方觉得他是主角。"我要告诉你"是以说这句话的人为"主"，因此对方的感受往往不如"请你听我说"来得悦耳！这不但是以对方为"主"，并且还可以表现自己的谦虚，是件一举两得的事。

12. 满足对方不经意间流露出的愿望

有位任职于某企业的经理，曾讲述了一件令他很感动的事。他说有一位任职于他客户公司的年轻职员，有一天送他一瓶他们家乡的土特产酒。究其原因才知道，原来不久之前，在他们一起喝酒的时候，这位年轻的职员向他表示，他们家乡所酿的土特产酒味道不错。结果这位经理就不经意地向他表示，方便的话，哪天就送他一瓶。这位年轻职员果真没忘记他们之间的约定，把酒送来了。这种诚意着实使他深深地感动。

一般来说，不信守约定被认为是种不好的行为，但喝酒时所定的约定却是例外，因此若能遵守喝酒时所定的约定，将会让人刮目相看。

事实上，想让人留下深刻的印象，"意外感"所占的比例往往是相当大的。因此，若想让人留下深刻的好印象，就必须遵守一些非正式的约定，这样对方将会因感到意外而留下更深刻的好印象。

13. 从容不迫地道别

有些人在工作告一段落，要与客户道别时，会一边整理东西一边向客户道别。虽然这是一种无意识的小动作，但这样做往往会让人觉得你归心似箭，从而给他人留下坏印象。

我们必须意识到，道别是一个独立的事件，不可以把它和其他的事情合并进行，否则一定会给对方留下坏印象。

14．认真倾听失意者的倾诉

心里有什么不舒服，往往可以因找到倾诉的人而得到松弛，人际关系也会因此得到润滑。

可是人一旦陷入低潮，往往会连与人谈话的兴致都没有，但心里想诉说的苦楚却越来越多，这是一种恶性循环。对于这样的人，我们应该尽力去帮助他。而他实际上最需要的，就是一个愿意倾听他诉苦的人。因此我们可以邀他喝酒或请他吃饭，慢慢地松弛他的苦心，让他愿意倾诉他的苦恼。我们若如此地从心底去帮助他，日后他对我们的信任感将会大大增加。

15．对不在场的第三者表示关心，可以加强对方对我们的好印象

有位初任职某出版社的年轻编辑到朋友家拜访。当谈到一半时，他不时地看表，然后突然站起来向朋友表示，他还有另一个约会必须赶去。当这个朋友送他到门口后，他果真跑着去赶赴另一场约会了。

或许有的人会认为他的这种态度很没礼貌，但他当时给人的印象，却是真正地关心另一个人，给人留下了很好的印象。

当然他当时并非是表演给人看的，而是真的要赶赴另一个约会，但若想"表演"一下也未尝不可。例如当我们与人交谈到一半时，可以起身打个电话，然后跟对方说"我下一个约会可能会迟到10分钟，所以必须先打个电话跟他说明一下"。如此一来对方一定会设身处地地想，假如我是他的下一个约会对象，他也同样会关心我，从而对他留下很好的印象。

16．身为男性，为女性提供关怀和实质帮助

为女性提供关怀和实质帮助，是一个男人显示自己的绅士风范最好方法之一。能够对女性做到体贴关怀，往往会为一个男人的可信赖度加分。

增强与他人的亲密感的十八条秘籍

在社交过程中，以下技巧能帮我们增强与他人的亲密感。

1. 与人初次相见时，坐在他的旁边

相信每个人都有过这样的经验，那就是与人面对面谈话时，往往会特别紧张。因为人与人一旦面对面，眼睛的视线难免会碰在一起，容易造成彼此间的紧张感。

相反，与人肩并肩谈话，在精神上绝对比面对面谈话要来得轻松。因此与人初次相见，坐在他的旁边往往较容易进入状态。这一点同样适用与异性约会的时候。

2. 不时地制造与对方身体接触的机会，借以缩短彼此间的心理距离

有位评论家曾经说过，有一次他去百货公司买衬衫时，售货员小姐立刻拿皮尺，帮他量颈围。由于此时的售货员必须与他靠得很近，所以会使他产生好像与亲人在一起的感觉，而生意也往往在这种气氛下成交。

事实上，每个人都拥有一个无形的"自我保护圈"。通常除非是非常亲密的人，否则不容易侵入这个范围。但反过来说，若对方已经侵入了这个圈内，则往往就会产生对方是自己亲密者的错觉。

一本杂志上有一句很有趣的话——只要男女开始勾肩搭背，他们就已经是情人！的确，人与人之间有了直接的接触，彼此间的距离会一下子缩短许多。

因此，若想在短时间内缩短与初识者之间的距离，最简单的方法就是不时地制造一些与对方身体接触的机会。当然，这种方法在使用的时候也要避免过犹不及，以不引起对方反感为操作准则。

3. 面带微笑地谈话有助于拉近彼此间的距离

著名的节目主持人崔永元，之所以会受到大众的欢迎，并非由于口才好，而是由于他总是能微笑着听人说话。

同样，虽然说些笑话有改善彼此间紧张关系的润滑作用，但有时一不小心，也可能会弄巧成拙。因此，与其费尽心思逗人笑，不如认真听对方说话自己笑，反而可以拉近彼此间的距离。大家一起笑，很快地就能消除彼此间的紧张感，并且可以在很短的时间内建立亲密感。

4. 若与对方有共同点，就算再细微的也要强调

人与人之间一旦有了共同点，就可以很快地消除彼此间的陌生感，产生亲近的感觉。这样不但可以使对方感到轻松，同时也具有使对方说出真心话的作用。事实上，我们每个人都具有这样相同的心理。例如两个陌生人一旦发现彼此竟然曾就读同一所小学，顷刻间就会产生"自己人"的感觉，立刻打成一片。

在人际交往中，对于交际对象，找一些共同点强调一下，在拉近彼此距离方面会收到相当不错的效果。

5. 对于那些与自己关系密切的人，把他们的名字写在电话记事簿的首页，会让对方欣喜万分

当你到一位交往很久的同事家做客，你们尽兴地谈完准备回家的时候，他对你说："这些文件待会儿再送到您家。"说完他顺手打开电话记事簿，准备确认你的电话号码与住址。突然间你发现，你的名字竟然被写在第一位！老实说，你当时一定非常高兴！

每个人对"自己"都非常敏感，因此一旦发现自己受到与众不同的待遇时，不是感到非常兴奋就是感到非常愤怒！

对于那些与自己关系密切的人，把他们的名字写在电话记事簿的首页，会让对方欣喜万分。

表示对别人重视的方法很多，其中记住对方曾经说过的话，然后向对方表示"您曾说过……"是相当好的一种方法。另外，记住对方的兴趣、嗜好或计划等，再找个机会赞美他一番，也是一种获得对方喜欢的好方法。

6. 指出对方的服装或饰物上的小变化，可使对方感觉我们很重视他

很多丈夫都不太懂得奉承自己的太太，更不会拍太太的马屁。例如太太从美容院回来，丈夫内心也觉得她的确比以前漂亮了，但却不会顺口赞美她几句。而太太本身也由于得不到丈夫的赞美，往往会产生"丈夫不关心我"的感觉。

每个人都希望被人关心，并且对于关心他的人，会很自然地产生好感。若想让对方对自己产生好感，最好的方法就是积极地表现出你真正地在关心对方。因此，我们对于对方的服装或随身饰物等，要随时注意，稍有变化就赞美他几句，这样往往可以让对方感到愉快！

上述方法对女性尤其重要，因为女性往往比男性更重视自己的容貌与装饰。对方一旦觉得你在关心她，就会自然地对你产生亲切感。

7. 若想让对方觉得我们关心他，就应该夸赞他的各种潜力

对于关心我们的人，除非他的关心会伤害到我们，否则对方的一切我们大都不会计较。尤其是当对方关心与我们自尊心有关的问题时，我们往往会对他产生好感。

那么怎样的问题，才是与自尊心有关的问题呢？其实，夸赞对方的各种潜力，就是很好的方法。例如，与其说"你的发型很好"，不如说"若再剪短一点会更可爱"。这样说，对方就会觉得你真正地关心他，自然会对你留下好印象。

8. 常用"我们"这两个字来拉近彼此间的距离

有位心理专家曾经做过一项有趣的实验。他让同一个人分别扮演专制型、放任型与民主型三种不同角色的领导者，而后调查其他人对这三类领导者的观感。结果发现，采用民主型方式的领导者，他们的团结意识最为强烈。而研究结果又指出，这些人当中使用"我们"这个名词的次数也最多。

事实上，我们在听演讲时，对方说"我认为……"带给我们的感受，远不如他采用"我们……"的说法，因为采用"我们"这种说法，可以让人产生共同体意识。

9. 会话中多叫几次对方的名字可增强彼此间的亲近感

欧美人士在谈话中，常会不断地称呼对方的名字，往往会使刚刚才认识的人产生彼此已经认识了很久了的错觉。因此会话中多叫几次对方的名字，可以增进彼此间的心理距离。

10. 记住对方"特别的日子"（如结婚纪念日、生日等），并在那一天表示自己的祝福，可以给对方留下好印象

相信许多人若不是太太提醒，往往会忘了自己的结婚纪念日。如此健忘，太太当然会怀疑他是否还真的爱她。

技术高明的推销员，就会善用这项人们常会忽略的事，来达到加强对方对自己的好感的目的。例如，他们会在对方的生日，打个电话祝他生日快乐，或者当对方的结婚纪念日快来时，寄一张贺卡。虽然这只是一些不起眼的行为，但在虏获人心方面却非常有效。

11. 赞美对方较不易为人所知的优点，可以加深对方对你的好印象

就算再差劲的人，也会有一两处值得赞美的优点。例如，一个人或许没有什么优点，但玩台球的技术却很高明，或者酒量非常好等都可以加以利用。有的人很在意自己的这些小优点，有的人根本就不在意。但别人赞美他，一定会使他感到高兴的。

有时锦上添花式的赞美，引不起对方太大的喜悦。例如，对一位已被公认是很漂亮的女孩子说，"你真漂亮"，由于她平时已被夸赞惯了，所以很难让她觉得兴奋。相反，若能找出对方较不易为人所知的优点，则往往可以使对方感到意外的喜悦。

12. 见面时间长不如见面次数多

据说必须靠拜访客户来争取业绩的工作，最有效的工作方法就是经常到客户那里去坐一坐。它的道理就类似我们读书时，同样是读12小时，但连续读12小时，其效果绝对不如一天读2小时，连续读6天的效果好。

· 人际关系的培养，主要是要让对方觉得自己亲切而留下好印象。而逐次给对方留下的好印象，将比集中一次让对方留下的好印象更不易被淡忘。

通常有人认为，偶尔陪人通宵达旦饮酒或聊天等，可以很快拉近彼此间的距离，而让人留下很深刻的印象，但这样造成的好印象，若不继续加强，很快就会消失。试想，当别人问"你和某某人的关系如何"时，其一是"我们只见过一次面"，其二是"我们偶尔见面"，其三是"我们时常见面"。这三种答案，给人的印象当然有很大的差别。因此，若想与人建立亲密的关系，记住，见面的时间长不如见面的次数多。

13. "投其所好"，可以更让对方喜欢自己

有一位朋友，一向习惯在别人名片背后，密密麻麻地写上一大堆资料。起初有人以为他是为了便于了解对方，才故意记录的。后来才发觉他的真正用意，比别人想象的还高明，使人更加佩服！原来他所写的资料，并不是对方的年龄、籍贯等，而是记载自己如果下次再与他碰面时，必须做些什么！其中他最重视的，是对方的兴趣。他会刻意搜集与对方兴趣有关的所有资料，并于下次见面时将这些资料（情报）当作"礼物"馈赠。例如，对方的兴趣是钓鱼，他就会收集有关钓鱼这方面的资料，并于下次见面时与他大谈钓鱼之道。当对方一听到他对钓鱼如此了解，便会产生"同好"而感觉倍加亲切。

或许有人会认为如此太过于功利主义，但事实上却不尽然。收集各种资料，不但下次见面可以有共同的话题，对于自己知识领域的充实也是有

利无害的，并且从长远来看，这将是一项非常有用的自我表现方法。

14. 表达感谢之意，写信比打电话好

由于电话的普及，我们往往会忘了写信的作用。但若要加强对方的印象，尤其是需要向对方表达感谢之意时，写信的效果比打电话好得多。

为什么呢？因为写信比打电话麻烦。因此，写信往往给人一种有诚意的感觉。并且信件可永久保留，每读一次信件，对对方的印象就会不由自主地加深一次。另外，信函是一种视觉的效果，通常视觉效果，比听觉效果给人的印象更为深刻。

还有一点也相当重要。那就是有些在电话中不大好意思说的话（例如"此恩终生难忘"等），用信函来表达就容易多了。

信函的内容在"密度"方面，也比电话强。试想，我们若将电话中3分钟所讲的内容，用文字来叙述，其字数将会有多少？因此我们不难了解，打电话时我们必定说了不少废话，写信就可以避免这种缺点！因此，我们应该尽量以写信代替打电话，这样不论在哪一方面，都可以给对方留下较好的印象。

15. 想缩短与异性间的距离，应该直呼其名而不要连名带姓地叫

有人说，男女之间的交往，可以由相互称呼对方名字的改变情形，看出彼此间关系的进展。事实上，男女之间刚开始交往时，通常都是连名带姓地叫，等到关系比较亲密后，就直呼其名了！

因此若想缩短与异性间的距离，就应该直呼其名，避免连名带姓地叫。

16. 意欲缩短与心理紧张者的心理距离，可以采取一些稍微粗鲁的举动

有一位教授，许多人第一次与他见面都会感到紧张，有时就算他再三地向他们强调不要紧张也没有用。为了消除对方的紧张感，教授就会使出自己的独家法宝——脱掉上衣（甚至连衬衫也脱掉），拿起桌上的蛋糕就吃！紧张的人看到这一情形，起初会愣一下，但随即就会完全放松了。

如果对方处于紧张的状态，我们不能消除对方的紧张感，就无法与对方建立亲密的关系。因此意欲缩短与紧张者间的心理距离，不如采取些粗

鲁点的举动，这样有助于心理紧张者放松下来。

17. 穿着与对方风格类似的服装，有助于较快获得对方的认可

物以类聚，穿着打扮类似的人，往往容易聚在一起。这种现象在心理学上称为"同步化"。因为人类可以借着与周围的人共同的行动，获得安全感。

事实上，穿着类似的服装，并不是女性的专利，男性在公司穿着与同事类似的服装，也具有缩短彼此间距离的作用。

有的记者会因采访的对象不同，而改穿不同款式的服装，以便增进与被访问者间的亲密感。服装的重要作用由此可见一斑。

18. 闲聊自己的失败往事，比谈自己成功的事，更易拉近彼此间的距离

男人聚在一起，大多会谈些不登大雅之堂的话题，来拉近彼此间的距离。此时若谈自己曾经失败过的事，会比谈自己成功的事，更容易拉近彼此间的距离。因为总是炫耀自己成功的光荣事情，容易让人产生反感，留下不好的印象。

幽默让你在社交中无往不利

幽默是一种魅力，也是一种人格力量。幽默所包含的特性是逗人快乐，所包含的能力是感受和表现有趣的人和事，制造愉悦的气氛。对个人而言，懂得幽默的人往往比不懂幽默的人更具有吸引力和凝聚力。

一个秃头的人，当别人称他"理发不用花钱，洗头不用水"时，他当场变了脸，原本轻松的环境变得紧张起来。一位教授也是一个秃头，当他当众演讲作自我介绍时说："一位朋友称我聪明透顶，我含笑地回答：'你小看我了，我早就聪明绝顶了。'"然后他指了指自己的头说，"我今天演讲的题目是外表美是心灵美的反映。"教授就这样开始了自己的演讲，整个会场充满了活跃的气氛。同样是秃头，同样容易受到别人的揶揄和嘲谑，为什么不同的人得到的却是别人不同的认可，其中的缘故就是是否有幽默感。

有一次，钢琴家波奇在美国密歇根州的福林特城演奏，当时座位有一半多还是空着的，对于这种难堪的局面，波奇却说："福林特这个城市一定很有钱，我看到你们每个人都买了两三个座位的票。"于是整个大厅里充满了欢笑，波奇也以寥寥数语化解了尴尬的场面。

由此可见，幽默不仅反映出一个人随和的个性，还显示了一个人的聪明、智慧以及随机应变的能力。但需要注意的是，幽默既不是毫无意义的插科打诨，也不是没有分寸的卖关子，耍嘴皮。幽默要在入情入理之中，引人发笑，给人启迪。这需要一定的素质和修养。

生活中应用幽默，可缓解矛盾，调节情绪，促使心理处于相对平衡的状态。著名的喜剧大师卓别林曾说："通过幽默，我们在貌似正常的现象中看不出不正常的现象，在貌似重要的事物中看不出不重要的事物。"

我们常有这样的体会，在会场或课堂上，一席趣语可使笑语满堂，气氛和谐而轻松，增加了接受效果；在友人间的笑谈中，一则笑话，常令人捧腹不止，在笑声中交流和深化了感情；在旅游登山时，一句幽默，引出一阵嘻嘻哈哈，顿使人倦意全消，鼓劲前行。可见，幽默与笑是情同手足的姐妹。上乘的幽默是鼓劲的维生素，是交际的润滑剂，是智慧的推进器。

"不懂得开玩笑的人，是没有希望的人。"这是俄国文学家契诃夫说过的一句话。幽默是一种特殊的情绪表现。它可以淡化人的消极情绪，消除沮丧与痛苦。具有幽默感的人，生活充满情趣。许多在他人看来痛苦烦恼之事，他们却应付得轻松自如。这是因为他们掌握了幽默这一适应环境的工具，学会了面临困境时减轻精神和心理压力的有效方法。

那么，该如何培养自己的幽默感呢？下面是一些小建议。

1. 扩大知识面

幽默是一种智慧的表现，它必须建立在丰富知识的基础上。一个人只有具备审时度势的能力、广博的知识，才能做到谈资丰富，妙语成趣，从而给出巧妙的应答。因此，要培养幽默感必须广泛涉猎不同知识，充实自我，不断从浩如烟海的书籍中收集幽默的浪花，从名人趣事的精华中撷取幽默的宝石。

2. 陶冶情操，乐观对待现实

幽默是一种宽容精神的体现，要善于体谅他人，要使自己学会幽默，就要学会雍容大度，克服斤斤计较的弊端，同时还要乐观。乐观与幽默是亲密的朋友，生活中如果多一点趣味和轻松，多一点笑容和游戏，多一份乐观与幽默，那么就没有克服不了的困难，也不会出现整天愁眉苦脸，忧心忡忡的痛苦者。

3. 培养深刻的洞察力

提高观察事物的能力，培养机智、敏捷的能力，是培养幽默感的一个重要方面。只有迅速地捕捉事物的本质，以恰当的比喻，诙谐的语言，才能使人们产生轻松的感觉。当然在幽默的同时，还应注意，重大的原则总是不能马虎，不同问题要不同对待，在处理问题时要有灵活性，做到幽默而不俗套，使幽默能够为人类精神生活提供真正的养料。

逗笑是幽默的基本表现特征，"无笑无以言幽默"。康德说："在一切引起活泼的、感动人的大笑里必须有某种荒谬悖理的东西存在着。""笑是一种从紧张的期待突然转化为虚无的感情。"康德的这两句话，都在一定程度上反映了幽默致笑的因果联系。

4. 巧妙地说一些可产生幽默效果的话

（1）奇异的话。幽默的结构常常能造成使人出乎意外的奇因异果，从而令人惊奇地发笑。康德所讲的"从紧张的期待突然转化为虚无"，正是来自幽默的结构常常能造成使人出乎意外的奇因异果。

例如，老师对学生们说："牛顿坐在苹果树下，忽然有一个苹果掉下，落在他的头上。于是，他发现了万有引力定律。牛顿是个科学家！"

"可是老师，"一个学生站了起来，"如果牛顿也像我们这样整天坐在学校里埋头书本，会有苹果掉在他头上吗？"本来老师是讲牛顿受苹果落地的启示，发现了万有引力定律，成为了科学家，而学生却冷不丁冒出一句含有不应该埋头读书的结论，真是出乎意外，超出常理。

下面的例子也是如此：

经理正忙得不可开交，电话铃响了，女秘书起身接电话。

"谁的电话？"经理问。

"您的太太打来的。"女秘书说。

"说什么了吗？"经理又问。

"她说吻你。"女秘书说。

"好极了，"经理头也不抬地吩咐道，"你先替我收下，然后再还给我。"

真亏经理想得出，吻居然也能转接。这实在是不合常理的，但这样的话新奇怪异，使人大大出乎意料，所以能引来别人的笑。幽默就是要能想人之未想，才能出奇致笑。有人说："第一个把女人比喻成花的是智者，第二个把女人比喻成花的是傻瓜。"这句话似乎有点偏激，但新奇、异常的确是幽默构成的一个重要因素。

（2）巧妙的话。幽默的核心是应该有赢得使人赞叹不已的巧思妙想，从而产生令人欣赏的欢笑。俗话说："无巧不成书。"巧可以是客观事实上的巧合，但更多的是主观构思上的巧妙。巧是事物之间的某种联系，没有联系就谈不上巧。如果能在别人没有想到的方面发现或建立某种联系，并顺乎一定的情理，就不能不令人赏心悦目。

下面的两个例子就是以回答巧妙而产生幽默效果的：

例一：某学生的英语读音老是不准，老师批评他说："你是怎么搞的，怎么一点都没进步呢？我在你这个年纪时，已经读得相当准了。"

学生回答："老师，我想一定是您的老师比我的老师好。"

例二：林肯总统小时候参加一次考试，老师问他："你是愿意答一道难题，还是愿意答两道简单的题？"

林肯答："还是答一道难题吧。"

"好，请你回答：鸡蛋是怎么来的？"

"鸡生的。"

"那么鸡又是从哪来的呢？"

"对不起，老师，这已经是第二道题了。"

（3）荒谬的话。幽默的内容往往要含有使人忍俊不禁的荒唐言行，从而使人情不自禁地发笑。俗话说："理不歪，笑不来。"荒谬的东西是人们认为明显不应该存在的东西，然而它居然展现在人们面前，不能不激起人们心灵的震荡，从而使人发笑。

例如下面这个例子：

一人要出远门，临行时嘱咐其子："我走后，如果有人来找我，你就说我有点小事出门了，并请他进屋喝茶。"此人深知其子愚呆，怕他忘记，又把这番交代的话写在纸上。儿子把纸条放在袖子里，时不时拿出来看看。可是过了三天，还不见有人来。儿子以为这纸条没用了，就把它给烧了。烧后第二天，来了个人找他父亲。儿子急忙到袖子里找纸条，找不到，便说："没了。"客人一听，以为他父亲死了，惊问："几时没的？"儿子对曰："昨天晚上就烧了。"风平浪静的水面，投进一块石头，就会一下子发出响声。常规思维的心理，被超常的信息搅

扰，也会引起心波荡漾、心潮起伏、心花怒放。奇异、巧妙、荒谬就是这种超常的信息，就是幽默之所以致笑的要因，也是我们学会幽默应把握的要诀。

刻板效应：你总会受到刻板偏见的左右

刻板效应又称定型效应，是指人们用刻印在自己头脑中的关于某人、某一类人的固定印象，以此固定印象作为判断和评价人依据的心理现象。

前苏联社会心理学家包达列夫曾经做过这样的实验，将一个人的照片分别给两组被试者看，照片上的人的特征是眼睛深凹，下巴外翘。包达列夫向两组被试者提供了截然相反的介绍，他告诉甲组"此人是个罪犯"，对乙组则说："此人是位著名学者"，然后，请两组被试者分别对此人的照片特征进行评价。

关于人物特征的评价，出现了非常有趣的现象，甲组被试者认为：此人眼睛深凹表明他凶狠、狡猾，下巴外翘反映着其顽固不化的性格；乙组的判断则是这样的：此人眼睛深凹，表明他具有深邃的思想，下巴外翘反映他具有探索真理的顽强精神。

针对同一张照片的面部特征，为什么会出现如此迥然有异的评价呢？心理学家分析说，这是因为人们对社会各类的人有着一定的定型认知——把他当罪犯来看时，自然就把其眼睛、下巴的特征归类为凶狠、狡猾和顽固不化，而把他当学者来看时，便把相同的特征归为思想的深邃性和意志的坚忍性。

探究这种现象的本质，可以发现刻板效应其实来自于认知偏见，人们对不同人进行分类，然后产生了不同的固化印象，在这种印象的影响下，对不同的人群产生了不同的态度和行为倾向。就像笑话中的上帝为不同肤色的小朋友安排了不同的命运一样，你也常会受限于既有的刻板印象，从而用刻板印象的信息来决定自己的行为。比如，身为中国人，你多会认为日本人更加有暴力倾向，美国人则更喜欢插手别人的事情。

首因效应：第一印象总是占据着主导地位

人与人第一次交往中给人留下的印象，在对方的头脑中形成并占据着主导地位，这种效应即为首因效应。首因效应也叫首次效应、优先效应或"第一印象"效应，它是指当人们第一次与某物或某人相接触时会留下深刻印象，第一印象作用最强，持续的时间也长，比以后得到的信息对于事物整个印象产生的作用更强。心理学研究发现，与一个人初次会面，45秒钟内就能产生第一印象，形成第一印象的主要是性别、年龄、衣着、姿势、面部表情等"外部特征"。

首因效应本质上是一种优先效应，当不同的信息结合在一起的时候，人们总是倾向于重视前面的信息。即使人们同样重视了后面的信息，也会认为后面的信息是非本质的、偶然的，人们习惯于按照前面的信息解释后

面的信息，即使后面的信息与前面的信息不一致，也会屈从于前面的信息，以形成整体一致的印象。

在人际交往中，首因效应发挥着重要的作用——每个关系的建立都肯定会有第一次见面，如果一个人无法为他人留下较好的第一印象，将不利于以后人际关系的发展，至少会对人际发展进程产生负面影响。所谓的"新官上任三把火""先发制人""恶人先告状"便利用了首因效应的正面影响，很多人极为注重出现在一个陌生场合的首次印象。争取让自己为他人留下正面的印象，便是希望可以借此带来更和谐的人际关系发展。

 **近因效应：对他人最近、最新的认识占了主体地位**

近因效应，与首因效应相反，是指在多种刺激按不同顺序出现的时候，印象的形成主要取决于后来出现的刺激，即在交往过程中，我们对他人最近、最新的认识占了主体地位，以致掩盖了以往形成的对他人的评价。比如，让你此时此刻判断一下你与某个朋友的关系，如果你们几天前刚刚吵过架，你就会认为你们的关系不是很好，而如果这个朋友昨天刚刚借给你1 000块钱，你就会将你们的关系定义为"患难之交"，认为对方是你真正的朋友。

美国心理学家卢钦斯以实验的方式证明了首因效应与近因效应。在实验时，卢钦斯准备了两段文字，在第一段文字中将一个叫作吉姆的男孩描述为热情外向的人，在第二段资料中将吉姆描述为冷淡而内向的人。然后，卢钦斯将这两段材料组合成四组：

第一组 描写吉姆热情外向的文字先出现，冷淡内向的文字后出现。

第二组 描写吉姆冷淡内向的文字先出现，热情外向的文字后出现。

第三组 只显示描写吉姆热情外向的文字。

第四组 只显示描写吉姆冷淡内向的文字。

卢钦斯让四组被试者分别阅读一组文字材料，然后回答一个问题，"吉姆是一个什么样的人？"实验结果显示，第一组被试者中有78%的人认为吉姆是友好的，第二组中只有18%的被试者认为吉姆是友好的，第三组中认为吉姆是友好的被试者有95%，第四组只有3%的被试者认为吉姆是友好的。

通过上述实验，卢钦斯得出结论：信息呈现的顺序会对社会认知产生影响，先呈现的信息比后呈现的信息有更大的影响作用。

后来，卢钦斯在进一步的研究中发现，如果在两段文字之间插入描述某些活动的文字内容，如吉姆做数学题、吉姆听故事等，则大部分被试者会根据活动以后得到的信息对吉姆进行判断，也就是说，最近获得的信息对他们的社会知觉起到了更大的影响作用——这一实验结果证明了近因效应。

通常来说，近因效应一般不如首因效应明显和普遍。在印象形成过程中，当不断有足够引人注意的新信息，或者原来的印象已经淡忘时，新近获得的信息的作用就会较大，就会出现近因效应。

晕轮效应：情人眼里出西施的根源

晕轮效应又称光环效应、成见效应、光圈效应、日晕效应、以点概面效应，指的是在人际知觉中所形成的以点概面或以偏概全的主观印象。人们对于他人的认知判断首先是根据个人的好恶得出的，然后再从这个判断推论出认知对象的其他品质。如果认知对象被标明是"好"的，他就会被"好"的光圈笼罩着，并被赋予一切好的品质。这种强烈知觉的品质或特点，就像月亮形式的光环一样，向周围弥漫、扩散，从而掩盖了其他品质或特点，所以晕轮效应也形象地被称为光环效应。

心理学家爱德华·桑戴克做过一个这样的实验。他让被试者看一些照片，照片上的人有的很有魅力，有的无魅力，有的中等。然后让被试者在与魅力无关的特点方面评定这些人。结果表明，被试者对有魅力的人比对无魅力的赋予更多理想的人格特征，如和蔼、沉着、好交际等。

晕轮效应最早是由美国著名心理学家爱德华·桑戴克于20世纪20年代提出的。他认为，人们对人的认知和判断往往只从局部出发，扩散而得出整体印象，也即常常以偏概全。一个人如果被标明是好的，他就会被一种积极肯定的光环笼罩，并被赋予一切都好的品质；如果一个人被标明是坏的，他就被一种消极否定的光环所笼罩，并被认为具有各种坏品质。这就好像刮风天气前夜月亮周围出现的圆环（月晕），其实，圆环不过是月亮光的扩大化而已。据此，桑戴克为这一心理现象起了一个恰如其分的名称即晕轮效应，也称为光环效应。

通过上面的笑话，由此你也可以理解为什么明星总是有那么多绯闻了，我们总是对媒体关于明星的丑闻爆料十分感兴趣，对此津津乐道，然而事实上，我们所看到的关于明星的形象都是媒体所展现给我们的那圈"月晕"，或许这些故事只是媒体的断章取义，与事实的真相相距十万八千里。

名片效应：相似的态度和价值观有助于形成优质人脉

在人际交往中，如果首先表明自己与对方的态度和价值观相同，就会使对方感觉到你与他有很多的相似性，从而很快地缩小对方与你的心理距离，使其愿意与你接近，从而结成良好的人际关系——这便是名片效应，相似的态度和价值观就犹如一张心理名片，将自己以实现良性互动的目的介绍给了对方。

如果希望在人际交往中产生名片效应，首先便要向对方传播一些他们可能感兴趣和喜欢的观点和思想，其次再不经意地将自己的观点渗透其中，这样便会让对方产生一种印象，认为你的思想观点与他们的极为类似，从而拉近彼此的关系，增加交际对象对你的认同感。

有这样一个关于里根总统的笑话，一次，里根面对的是一群意大利血统的美国人，他说道："每当我想到意大利人的家庭时，我总是想起温暖的厨房以及更为温暖的爱。有一家意大利人刚开始住在狭小的公寓房间里，后来他们迁到了乡下的一座大房子里。一位朋友问这家一个12岁的儿子托尼：'喜欢你的新居吗？'孩子回答说：'我们喜欢，我有了自己的房间。我的兄弟也有了他自己的房间。我的姐妹们都有了自己的房间。只是可怜的妈妈，她还是和爸爸住一个房间'。"毋庸置疑的是，里根在讲话中传达出自己对于意大利人的正面印象，这种说辞自然能赢得意大利血统美国人对自己的认可，拉近自己和选民的心理距离。从某种意义上来

看，里根正是恰当运用了名片效应对人际互动的积极影响。

一般而言，人们总是更喜欢与自己价值观和情感倾向类似的人，这有助于他们提高自我认同度，减少自己和外界的冲突，由此也可以理解人们为什么总是对偶遇知音如此欢欣雀跃了。

变色龙效应：模仿对方的身体语言，你会更受欢迎

变色龙效应是指人们经常无意识地模仿其他人的姿势、怪癖和面部表情的心理学现象。通过实验，心理学家巴奇和查特朗识别了以变色龙效应表现出来的部分肢体语言，他们进而得出结论：如果一个人模仿了他人的手势或者身体姿势，人们往往会更喜欢这个人。

巴奇和查特朗做了这样一个实验，他们让78名被试者坐下来分别与一名实验者进行交谈，在交谈的时候，实验者故意改变交谈中的习惯动作，比如露出更多的笑容，与被试者进行频繁的面部接触、脚部不停地摆动。

结果发现，被试者确实会不经意地模仿实验者的习惯动作。心理学家发现，在所有的被试者中，面部接触的比例上升了20%，被试者脚部摆动的比例上升了50%。

继而，巴奇和查特朗便想验证"模仿是否能增进好感"的观点，于是，他们又做了第二个实验，他们安排78名被试者在一个房间与另一名实验者（以陌生人的身份出现）就一张照片分别进行交谈，在交谈的过程中，实验者会主动模仿一部分被试者的肢体语言，当交谈结束后，心理学

235 ▷▷

家让被试者对实验者的好感度和交流的顺利程度作出评价。

结果显示，针对好感度和交流顺利程度两个方面，被模仿者给实验者打出了6.62和6.76的平均分数，而未被模仿者提供的平均分数只有5.91和6.02。实验说明，人们的确更喜欢那些模仿自己身体语言的人。

"变色龙效应"属于一种社交互动中的温暖回应，实验表明，确实大多数人会在交谈中不自觉地模仿对方的身体语言，而且人们还会从这种模仿行为中无端受益，因为人们倾向于喜欢那些模仿自己的人。

晓晓板 互惠原则：投之以桃，报之以李

丹尼斯·雷根教授曾经做过这样一个实验。在这个实验中，有两个人被邀参加一次所谓的"艺术欣赏"，也就是两人一起给一些画作评分，其中一人是乔，他是雷根教授的助手。实验在两种情况下进行。在第一种情况下，乔主动送了那个真正的实验对象一个小小的人情，在评分中间短暂的休息时间里，他出去几分钟，回来时带回了两瓶可口可乐，一瓶给实验对象，一瓶给自己，并告诉实验对象，"我问他（主持实验的人）是否可以买一瓶可乐，他说可以，所以我给你也带了一瓶。"在第二种情况下，乔没给实验对象任何小恩小惠，中间休息后只是两手空空地从外面进来。但在所有其他方面，乔的表现都一模一样。

稍后，当评分完毕，主持实验的人暂时离开了房间，乔要实验对象帮他一个忙。乔说自己在为一种新车卖彩票。如果他卖掉彩票的数目最多，

他就会得到50块钱的奖金。乔想要实验对象以25分一张的价钱买一些彩票："买一张算一张，但当然是越多越好了。"结果那些得过他的好处的实验对象所购买的彩票数目是另一种情况下的两倍。平均下来，在这种实验条件下，乔做了一笔很合算的生意：他的投资回报率达到了500%。

在上述实验结束后，雷根让实验者填写关于是否喜欢乔的问卷，结果发现，在未接受乔的可乐的条件下，实验对象购买彩票的数量与对乔的喜欢程度成正比。但在接受了乔的可乐的情况下，这种正相关关系完全消失了，也就是说，不管他们喜不喜欢乔，他们都觉得有责任来报答他，因此都买了较多的彩票。

由此可见，当人们接受了某人的好处后，很容易答应对方一个在没有负债心理时一定会拒绝的请求，以此来实现利益的互惠交换。人与人之间的利益互动，就如坐跷跷板一样，偶尔处于低势，偶尔处于高势，通过高势与低势的转换，个体并不会损伤自己原来的利益，反而在转换的过程中，既实现了利益所得的丰富化，也体会到了赠送与回馈之爱。

投之以桃，报之以李——如果不懂得人际互惠原则，从不将自己拥有的物品与他人分享，拥有桃子的一方很难品尝到李子的味道。

心理测试：

你能和朋友们融洽相处吗？

尽管朋友之间可以相互理解和宽容，但有时也难免会产生一些小的矛盾或摩擦。这些矛盾或摩擦产生的根源在哪里呢？赶紧自己反省一下吧。

如果今天是你的生日，你兴致勃勃地请一些同学和同事来参加你精心准备的生日宴会。新朋旧友齐聚一堂，其中有个家伙竟然穿着一身"乞丐服"出场，使你觉得浑身不自在。请问你会怎么处理这件事情呢？

A.直接对他说："你不觉得破坏了今天的盛会吗？"

B.在他背后贴个标语整整他。

C.调侃着说："不错嘛！这身打扮很适合你。"

D. 一句话都不说，一笑而过。

E. 间接地提醒他，并说出自己的感受。

选择分析：

选择A：你的个性十分爽直，做事从不拖泥带水，也不会像一些敢怒不敢言的变色龙一样心口不一，颇具"将相本无种，男儿当自强"的气魄。可是这种性格最显著的缺点就是不给自己和别人留后路，容易得罪人。

选择B：你的方式总是很特别，而且你很容易和周围的人打成一片。这个"打"字有两种意义：第一是热烈的意思，第二是真的"打"起来。无论如何，你的开放性格，是这个社会动力的源泉，值得提倡。不过要注意场合和分寸，方式不能太过激。

选择C：你总是喜欢故作神秘状，但是任谁都知道你在讽刺他，但也只是心照不宣。幸好，你善于和颜悦色，颇有人缘。你的危险之处在于说话时流露出的恶意的讽刺，这样很容易伤人的。

选择D：你总是含蓄地不肯表达对别人的看法，让人觉得很冷。不善人际关系是你的隐忧，因为你的本质较为内向，行事太过保守，不能给他人特别的帮助。不过你的本性是非常善良的。

选择E：你始终不能和亲戚朋友以不拘小节的方式进行沟通，人际关系虽好，但不见得真实。即使是再亲密的朋友，总给人一种刻意经营的感觉，不够自然，不够真实。乍看之下，你好像是真心对待朋友，时间久了，就会让人产生疏离感。

贝勃定律：为什么你的好心总是付了东逝水

　　一个人右手举着300克的砝码，这时在其左手上放305克的砝码，他并不会觉得两者有多少差别，直到左手砝码的重量加至306克时才会觉得有些重。如果右手举着600克的砝码，而这时左手上的重量要达到612克才能感觉到重。也就是说，原来的砝码越重，后来就必须加更大的重量才能感觉到差别，这种现象被称为贝勃定律，意思是：当人经历强烈的刺激后，之后施予的刺激对他来说也就变得微不足道。

　　在人际交往中同样有贝勃定律，有的人常常抱怨：我对他那么好，他却总是不知足，别人只是偶尔对他表示了一下关心，他就将对方视为大善人，太没天理了！进而产生这种疑问：为什么我的好心总是付了东逝水呢？究其根本，原因便在于贝勃定律。

　　在距情人节来临两个月前，一位意大利的心理学家曾在两对具有大体相同的成长背景、年龄阶段和交往过程的恋人当中，做了这样一个送玫瑰花的实验。心理学家让其中一对恋人中的男孩，每个周末都给自己心爱的姑娘送一束红玫瑰；而让另一对恋人中的男孩，只在情人节那一天向自己心爱的姑娘送去一束红玫瑰。

　　由于两个男孩的送花频率和时机不同，导致了结果的截然不同：那个在每个周末收到红玫瑰的姑娘，表现得相当平静。尽管没有大的不满意，但她还是忍不住说了一句："我看到别人送给自己女友大把的'蓝色妖姬'，比这普通的红玫瑰漂亮多了，心里真是很羡慕！"而那个从来没有接过红玫瑰的姑娘，当手捧着男朋友送来的红玫瑰花时，表现出了被呵护、被关爱的极度甜蜜，随后竟然旁若无人、欣喜若狂地与男友紧紧拥吻在一起。

相较那个每个周末都送玫瑰花的男孩，另一个男孩只是在情人节送了一次玫瑰，就让女朋友感激涕零起来，用经济学的视角来打量，可以说，第二个男孩的做法实现了更高的投入产出比。

因此，这便提醒我们，虽然人际交往遵循互惠原则，但是这并不意味着竭尽全力地对一个人好便是最优选择，有时候对一个人的好漫不经心一些，反而会获得更高的人际回报。

第12章

[在别人贪婪时恐惧，在别人恐惧时贪婪]
——投资心理学

　　理财改变命运，投资赢得财富，投资有方，理财有道，你不理财，财不理你，你若理财，财可生财。理财不是富人的专利，而是一套任何人都可以学习的技术和方法。投资不是一时冲动、不是投机取巧，不是凭借运气，而是靠恒心，靠战胜自我的毅力。

代表性思维：投资好公司的股票，不一定是理性的投资

请看这样一道题目：

玛丽是一个文静、勤奋且关心社会问题的女孩，她本科就读于伯克利大学，主修英语语言文学和环境学。那么在如下三种工作中，你认为玛丽最可能从事哪种工作：

A.图书馆的管理人员

B.既是图书馆的管理人员，也是山地俱乐部的会员

C.任职于金融机构

针对上述题目，美国华盛顿州立大学金融学教授约翰·诺夫辛格博士询问了主修投资学的本科生、工商管理硕士以及金融顾问。结果，在三类学生中，有一半以上的学生选择了B，即他们认为玛丽最可能既是图书馆的管理人员，也是山地俱乐部的会员。这是因为，人们认为这两项工作与玛丽的人格特质最为相符。

然而，事实上，答案A的可能比答案B的可能性更大，因为如果玛丽是图书管理人员和山地俱乐部的会员，那她一定是一名图书馆管理人员，也就是说，答案A是答案B的一部分，而这个问题问的正是玛丽从事哪一项工作的可能性最大，而不是玛丽更乐于从事哪种工作。

不过A仍然不是最佳答案，最佳答案其实是C，即玛丽任职于金融机

构，因为在金融机构工作的人要远远多于在图书馆工作的人。但是因为在金融机构工作与对玛丽的描述不太相符，这种配对方式不太符合我们的思维捷径，因而很少有人选择C。

上述认知误差便是投资心理学中的"代表性误差"。代表性思维是指这样一种认知倾向：人们喜欢把事物分为典型的几个类别，然后，在对事件进行概率估计时，过分强调这种典型类别的重要性，而不顾有关其他潜在可能性的证据。也就是说，大脑一般使用捷径来简化分析信息的过程，大脑常常假定，拥有相似特征的事物就是相同的。

这种代表性思维的错误体现在投资领域，便是人们常常将一个好的公司与一项好的投资相混淆，倾向于投资那些高速增长的公司的股票。这种投资方式被称为"势头投资"，指的是投资者一般会寻求那些在过去一周、一个月或者一个季度表现较好的股票和共同基金。

非常不幸的是，采用"势头投资"的投资者常会产生失望的情绪，因为从长期来看，公司倾向于保持平均增长的水平，一家公司经历高速增长后，便会放慢发展的速度——股票的表现并没有投资者所预期的那么好。

熟悉性思维：过多投资熟悉的股票是高风险行为

对于自己所熟悉的东西，人们更容易采取接受的态度，认为接受他们能让自己获得更高的安全感，这便导致人们常常错误地高估了自己所熟悉之物的投资回报率。比如，你可以从两个赌博游戏中任选其一，这两个赌博游戏的风险是一样的，在作出选择决策时，你多会选择参与自己更熟悉的那个游戏。而事实上，即使对于那些风险更大的赌博游戏，如果你更熟悉它，你也常会选择这一个。这一心理并不难理解，人们总是将熟悉程度高低与风险大小相提并论，并且认为越熟悉，风险便越小——你对于公司的某个异性并没有激情，但是如果将这名你熟悉的异性和一名你从未见过、听过的异性放在一起，让你必须从中选择一个结成百年之好，这时，你多会选择公司里的那名异性。

人们在进行投资时，一般会更愿意购买自己所熟悉的公司的股票，比如将资金过多地投资于自己所在的公司、当地公司和国内公司的股票，这种思维方式便是熟悉性思维。

如果要论及最熟悉的公司，自己所工作的公司首当其冲地要被放在第一位，由于被熟悉性思维所摆布，很多雇员都将自己的养老金投资在了公司的股票上。然而，传统的投资组合理论认为员工为了获得更高的投资回报率，应该进行分散化投资——根据他们能够接受的风险程度，将资金分别投入分散化股票、债券或货币市场基金。因此，将所有的资金投入自己所在的公司，并不是最理性的投资行为。安然公司未破产前，很多安然公司的员工将自己的大部分资金投入其中，结果，安然公司宣布破产后，很多员工一下子变得一无所有。

同样，由于对本国公司更了解一些，很多投资者也会将大部分资金投入本国公司，比如，美国股市占全球股票市值的47%，按照投资组合理论，美国投资者应该将47%的资产投入本国公司，然而据统计，美国投资者将86%的资产投资到美国股票。

当选择外国公司为投资对象的时候，人们则会首选自己比较熟悉的外国公司，即产品认可度较高的大型外企，他们认为投资这些公司，自己所面临的风险会更低。

然而，对你所熟悉的东西，你对它的认识就可能出现偏差——投资者认为熟悉比不熟悉的公司收益率更高、风险更小——这一认知显得毫无道理。

熟悉性思维对投资者最大的致命伤是，他们将过多的资产投入他们所熟悉的公司，导致整个投资的分散性不足，从而使自己的投资行为面临更大的风险。

平均值谬误：过于自信是投资者的致命伤

环顾整个投资市场，你会发现过于自信的投资者不计其数。也许你会认为自己不在此列，在争辩之前，请先做这样一道测试题：

在以下四个选项中，选择你认为最符合自己的一项是：

A. 我的智力非常高超，远胜过多数人；

B. 我的智力并不算特别出色，只是中等偏上水平；

C. 我的智力比较弱，只能算是中等偏下水平；

D. 我的智力非常差劲，远弱于多数人。

对于这个题目，绝大多数人都会选择选项B，既然绝大多数人都是中等偏上的智力水平，那么什么才是平均水平呢？在进行诸如此类的判断时，大多数人都会认为自己比平均水平高，这便是平均值谬误。在另一项关于驾驶技术的调查中，有80%的人都认为自己的开车水平高于平均水平。显然，很多人的想法并不正确。

由此可见，存在过于自信的心理是一种普遍的现象，具体到投资领域，过度自信的投资者也遍地皆是。盖洛普及潘恩韦伯曾经对2001年的个人投资者做过一项调查，调查结果显示，这些投资者在投资中普遍存在过于自信的心理。对于投资而言，过于自信并不是什么好现象，因为这种心理将导致投资者作出包括过度交易、冒险交易在内的错误交易决策，并最终造成投资组合的亏损。

过分自信的投资者通常会表现为频繁的交易，他们不停地买进卖出，对所获得信息的准确性以及自己的判断能力都非常自信，曾有经济学家专门研究过券商的账户数据，他们发现更高的交易量并不能带来更高的回报，事实上买卖频繁的人平均而言回报率更低——他们支出了大笔的佣金。

再者过于自信的心理除了导致频繁交易外，还会导致投资者买入错误的股票——他们卖出表现好的股票，买入表现不好的股票。

同时，过于自信的心理还会影响投资者的冒险行为，导致他们低估风险，从而使他们的投资组合承受更大的风险，比如他们会倾向于购买一些来自新公司和小公司的高风险股票，选择比较单一的投资组合等。

趋向性效应：出售盈利股票并不总是理性的

假如一个投资者急需用钱，他手头有两只股票，一只股票已经盈利20%，另一只则亏损了20%，如果该投资者不得已必须要出售其中一只的话，他会选择出售哪只股票呢？一般而言，人们都会选择出售盈利的股票，这是因为出售股票A再买进新股，这便表明你先前的投资是明智的，这会让人感觉自豪，而如果亏本出售股票B的话，则证明你先前的投资行为是错误的，人们便会产生懊悔的心理。一般而言，人们都会努力避免那些可能产生懊悔心理的行为，积极寻求能够产生自豪心理的行为，这便导致投资者倾向于在过短的时间内出售盈利股票，反而长期持有亏损的股票，这种行为被称为趋向性效应。

对于投资者而言，趋向性效应是十分不理性的，因为如果过早出售盈利股票的话，股票的股价在售出之后会继续上涨，长期持有亏损的股票则暗示股票的价格会继续下跌——产生趋向性效应后，投资者一般不太可能实现财富最大化的目标，他们获得的投资组合收益率往往较低。

禀赋效应：人们为什么不卖出亏损的股票

传统经济理论认为人们为获得某商品愿意付出的价格和失去已经拥有的同样的商品所要求的补偿是一样的，即自己作为买者或卖者的身份不会影响自己对商品的价值评估，但禀赋效应理论否认了这一观点。禀赋效应是指当个人一旦拥有某项物品，那么他对该物品价值的评价要比未拥有之前大大增加。与此紧密相关的一种行为就是人们倾向于持有自己的东西而不愿意进行交换，这种行为被称为现状偏差。

经济学家曾发现捕猎野鸭者愿意平均每人支付247美元的费用以维持适合野鸭生存的湿地环境，但若要他们放弃在这块湿地捕猎野鸭，他们要求的赔偿却高达平均每人1 044美元。禀赋效应的存在会导致买卖双方的心理价格出现偏差，从而影响市场效率。

为了调查禀赋效应对人们行为的影响程度，经济学家对大学生做了如下实验——总共有44名大学生参与了实验，随机抽取其中的一半人，给他们一张代币券和一份说明书，说明书上写明他们拥有的代币券价值为X美元（X的价值因人而异），实验结束后即可兑付，代币券可以交易，其买卖价格将由交易情况决定。

对于那些得到代币券的学生，实验者让他们从0~8.75美元中选择愿意出售的价格。同样，实验者也让没有得到代币券的学生开出他们愿意为代币券所支付的价格。当收集到他们的价格后，实验者发现买卖双方预期的价格是相似的，也就是平均出售价格与购买价格很接近。

随后，实验者用杯子和钢笔分别代替代币券再次进行这一实验，结果却显示，报出的平均卖价可达到买价的两倍多。

以上的实验直观地证明了禀赋效应的存在：一旦人们得到可供自己消费的某物品，人们对该物品赋予的价值就会显著增长。禀赋效应是现实市场交易中的普遍现象，经济学家对收藏品市场进行了调查，他们发现了这样一个事实：即使是那些对交易市场比较熟悉的投资者，当他们得到一件收藏品后，也很少有人愿意用其交换其他同等价值的其他收藏品。

对于投资者而言，禀赋效应导致他们倾向于保持自己已经进行的投资，当面对成千上万的公司股票、债券和共同基金时，他们索性选择保持不变——这种行为并不总是那么理性的，因为如果投资者仍然保留已经亏损的股票，这往往会造成更大的损失。

**羊群效应：** **投资市场上的趋同性心理**

在一群羊前面横放一根木棍，第一只羊跳了过去，第二只、第三只也会跟着跳过去；这时，把那根棍子撤走，后面的羊，走到这里，仍然像前面的羊一样，向上跳一下，尽管拦路的棍子已经不在了，这就是所谓的羊群效应，也称从众心理。经济学里经常用羊群效应来描述经济个体的从众跟风心理，指的是在信息不对称的情况下，投资者由于对信息缺乏了解，很难对市场未来的不确定性作出合理的预期，便通过观察周围人群的行为而提取信息，在这种信息的不断传递中，许多人的信息将大致相同且彼此强化，从而产生了从众行为。羊群效应是由个人理性行为导致的集体的非理性行为的一种非线性机制。

凯恩斯曾经指出："从事股票投资好比参加选美竞赛，谁的选择结果与全体评选者平均爱好最接近，谁就能得奖，因此每个参加者都不选他自己认为最美者，而是运用智力，推测一般人认为最美者。"出于归属感、安全感和信息成本的考虑，小投资者往往会采取追随大众和追随领导者的方针，直接模仿大众和领导者的交易决策，以此来规避投资风险。除此之外，系统机制也可能引发羊群效应。比如，当资产价格突然下跌造成亏损时，为了追加保证金或者遵守交易规则，一些投资者便不得不将他们持有的资产割仓卖出。如果很多的人都投资股票市场，便可能导致投资者能量迅速积聚，从而形成趋同性的羊群效应。在追涨的时候大家都蜂拥而至，大盘跳水时，恐慌心理满山遍野，每个人都恐慌出逃，此时极易将股票杀在地板价上。这就是为什么牛市中慢涨快跌，而杀跌又往往一次到位的根本原因。

"假如你在绝望时抛售股票，你一定卖得很低"，这是投资大师彼得·林奇的金玉良言。其实当市场处于低迷状态时，正是进行投资布局、等待未来高点收成的绝佳时机。但是由于大多数人存在着羊群心理，当大家都对未来悲观时，一些具有最佳成长前景的投资品种也无人问津；等到市场热度增高，大家又争先恐后地进行抢购，随着市场的调整，再一窝蜂地匆忙杀出——可以说，羊群效应是大多数投资人都无法克服的投资心理。

框架效应：快卖涨势股，慢卖跌势股

框架效应是指一个问题两种在逻辑意义上相似的说法却导致了不同的决策判断，在消费领域：当消费者感觉某一价格带来的是"损失"而不是"收益"时，他们对价格就越敏感。

为了解释框架效应，我们来看下面的例子：

在加油站A：每升汽油卖5.6元，但如果以现金的方式付款可以得到每升0.6元的折扣；在加油站B：每升汽油卖5.00元，但如果以信用卡的方式付款则每升要多付0.60元。

显然，从任何一个加油站购买汽油的经济成本是一样的。但大多数人认为：加油站A要比加油站B更吸引人。这是因为，与从加油站A购买汽油相联系的心理上的不舒服比与从加油站B购买汽油相联系的心理上的不舒服要少一些。加油站A是与某种"收益"（有折扣）联系在一起的，而加油站B则是与某种"损失"（要加价）联系在一起的。

研究发现：上述差异的原因是当衡量一个交易时，人们对于"损失"的重视要比同等的"收益"大得多。

再看这样一个关于选择的题目，

A. 一笔生意稳赚800美元；

B. 一笔生意有85%的机会赚1 000美元，但也有15%的可能分文不赚；

C. 一笔生意稳赔800美元；

D. 一笔生意有85%的可能赔1 000美元，但相应地也有15%的可能不赔钱。

结果表明，在第一种情况下，84%的人选择稳赚800美元，表现在对风险的规避，而在第二种情况下87%的人则倾向于选择"有85%的可能赔1 000美元，但相应地也有15%的可能不赔钱"的那笔生意，表现为对风险的寻求。

经济决策的理论历来认为，人从根本上来说是理性的。然而，人类在许多方面有非理性的特征，收益和损失完全是以认知参照点为依据的，参照点不一样，人们决策的方式也不一样——面临收益时人们会小心翼翼选择风险规避；面临损失时人们甘愿冒风险倾向风险偏好。

在股票投资市场上，当股价上涨的时候，人们为了获得稳定收益，很快就把股票卖出，当股价下跌的时候，人们总是怀着"股价还会上涨"的心理，采取了风险偏好的做法，死死地抓住跌势股——这种心理往往导致人们遭受到了更大的损失。

赌徒心理：执迷于随机的成功

斯金纳是新行为主义心理学的创始人之一，他曾经在著名的斯金纳箱（一种动物实验仪器，箱内设有一杠杆或键，动物在箱内可以自由活动，当它压杠杆或啄键时，就会有一团食物掉进箱子下方的盘中，动物就能吃到食物）做过一个关于操作性条件反射的实验：在最初的实验中，箱子中的小白鼠每按30次按钮就会吃到食物，在随后的实验中，小白鼠是否获得食物与按钮次数无关，随机获得食物。

实验发现，在前一个实验中，小白鼠得到食物后，会休息一会儿，必要时再持续按键；在随后的实验中，由于小白鼠无法预测食物什么时候滚出来，便不断地按键，如果某次按键后滚出的食物特别多，或者长时间食物没有滚出来，小白鼠按键的积极性更加高涨。

想想赌徒的行为，我们可以发现现实世界的赌徒与这只小白鼠的心理相差无二：当某个赌徒在某次的牌局中赢了较多的钱后，他并不会就此收手，反而会继续赌下去，因为他幻想着更好的运气，期望能够赢回更多的金钱；当一个赌徒长久输钱后，也会继续把赌博游戏坚持下去，因为他总认为也许下一局就彻底赢回来了——这也是为什么很多人好赌成性的原因所在，不管他们此时是输家还是赢家，他们都无法从赌局抽身而出，因为他们期望着随机获得更大的利益。

相对操作引发必然的行为结果的事件，一些与概率相关的获得能激发人们更大的操作积极性，也正因如此，总是有很多的人醉心于股票投资，前仆后继地投入这个高风险的游戏中。

 **三个跌停板之后，市场不一定会反弹**

关于好运气和坏运气的转换，人们常有这样的推理，遇到持续的坏运气后，便会想当然地认为该自己走运了，因为风水轮流转，一个人不可能总是倒霉。然而，事实上这是一种不合逻辑的推理方式，认为一系列事件的结果都在某种程度上隐含了彼此相关的关系，即如果事件A的结果影响到事件B，那么就说B是"依赖"于A的，这便是心理学中的赌徒谬误。比如，如果一个赌徒一晚上手气都很差，便会认为再过几把之后自己就会成为赢家；股市大盘连续上涨4天后，人们便会作出下跌的预测；经历连续几天的好天气后，人们就会担心随之会下起大雨。

为了更好地诠释赌徒谬误，我们可以用重复抛硬币的例子来展示。抛枚硬币，正面朝上的机会是0.5（1/2），连续两次抛出正面的机会是0.5×0.5=0.25（1/4）。连续三次抛出正面的机会率等于0.5×0.5×0.5=0.125（1/8），以此类推。

现在假设，我们已经连续4次抛出正面。犯赌徒谬误的人说："如果下一次再抛出正面，就是连续5次。连抛5次正面的机会率是（1/2）^{5}=1/32。所以，下一次抛出正面的机会只有1/32。"

以上论证步骤犯了谬误。假如硬币公平，定义上抛出反面的机会率永远等于0.5，不会增加或减少，抛出正面的机会率同样永远等于0.5。连续抛出5次正面的机会率等于1/32（0.03125），但这是指未抛出第一次之前。抛出4次正面之后，由于结果已知，不在计算之内。无论硬币抛出过多次和结果如何，下一次抛出正面和反面的机会率仍然相等。实际上，计算出1/32机会率是基于第一次抛出正反面机会均等的假设。因为之前抛出了多次正面，而论证此次抛出反面机会较大，属于谬误。这种逻辑只在硬币第一次抛出之前有效。

在期货市场上，三个跌停板之后，为什么会有很多投资者认为市场会反弹？因为投资者认为会否极泰来，这一思维方式便陷入了赌徒谬误，以致在这一心理趋势的操纵下，很多有经验的投资者都死于趋势行情说。

第13章

[世界如此险恶，你要内心强大——职场心理学]

成功的人为什么成功？他们的回答总是：靠勤奋、靠努力、靠毅力……环顾四周，我们身边勤奋的人、努力的人、有毅力的人还少吗？为什么他们既没有升职，也没有发达？因为他们虽然潜伏在职场，却不懂职场心理学。

 **如何提高你面试成功的概率**

　　印象管理是心理学家库利、戈夫曼等人提出的一个概念，是指人们试图管理和控制他人对自己所形成的印象的过程。通常，人们总是倾向于以一种与当前的社会情境或人际背景相吻合的形象来展示自己，以确保个体能够获得所期望的评价。几乎很多人在别人面前所做的事情，都是为了实现较好的印象管理。比如，在公共卫生间，如果有别人在场的话，人们多会便后洗手；女士与男士一起吃饭的时候，也倾向于减少食量，比单独就餐吃得少一些。

　　如果你需要在社会上谋取一份工作以获取生存保障或者发展自己的事业，你尤其需要在面试时注重自身的印象管理，因为面试只是对你能力素质的匆匆一瞥，如果你不能在这有限的时间里为面试官留下较好的印象，你的求职愿望很可能会泡汤。

　　很多人在面试过程中倾向于讨好面试官，比如夸赞面试官着装有品味，较有人格魅力等，但是心理学家在研究中发现，这些努力并不能更有助于你获得这个职位。心理学家指出，在使用印象管理技术的求职者中，关注自身优点的求职者得到的评价高于那些关注面试考官的求职者。举个例子，一个求职者应征销售经理的职位，如果他在面试时强调自己具备这些优势：擅长与人打交道、与人交流时具有较强说服力，对他恭维面试考官的努力相比，更有助于他获得这个职位。

此外，如果应聘者在面试时使用了虚假的印象管理手段，如夸赞面试考官具有某些其不具备的人格特质，还会使结果适得其反。固然大多数人都喜欢别人恭维自己，但是他们非常厌恶别有用心的虚伪恭维，因此，应聘者最好不要在面试时画蛇添足，导致与中意的工作擦肩而过。

　　有心理学家指出，存在权力差距的情况下，较为成功的印象管理方式是模糊策略。也就是说，应聘者可以在一定程度上表现谦虚，甚至自嘲自己的能力非常一般。成功使用这种模糊策略的关键是：在一些无足轻重的小事上表明自己的平庸，而在关键事件上自我赞美、自我抬高，通过利用谦虚和自嘲来增强自我抬高的可信度。比如，在应聘销售经理职位时，应聘者描述自己的某一次工作经历时，除了强调自己克服了重重困难、卓有成效地完成工作外，还可以以开玩笑的口吻称，他之所以需要换一份薪水更高的工作，是因为超速行驶而被多次罚款。面试官意欲寻找的是一名优秀的销售经理，而不是司机，所以应聘者的这种面试策略等于是强化了与工作相关行为的可信度："我想我是一个很糟糕的司机，但却是一个优秀的销售经理。"

包装效应：为成功而打扮

　　在印象管理心理学中，人们把一个人因包装行为而发生给人印象大变的现象，称为包装效应。

　　畅销书作家约翰·莫雷致力于研究不同阶层不同年龄的职业人士的着装表现和效果，他曾被《时代》周刊誉为"美国第一位职业形象工程师"。为了研究着装对人们的影响，他做了很多相关的实验。其中的一个实验是让一些被试穿着所谓的名牌高档服饰，然后让他们随着真正的客人一起进入高级宾馆，让另外一些被试穿着破旧的衣服进入同一座宾馆，结果发现，对于前者，有94%的人给他们让了路，给后者让路的人的比率只有82%，甚至5%的人还骂了被试者。

约翰·莫雷的另外一个实验是分别让100名穿着高档服装的被试者和另外100名穿着普通衣服的被试者完成打字和复印的工作，结果，前者中约84%的人在10分钟内完成了任务，而后者大多数人都花费了20分钟以上。这便说明，相对不错的着装不但能使他人对个体作出较高的评价，还可以使个体产生愉悦的心情，从而提高工作效率。

服装除了发挥遮体御寒的基本功能外，在目前的商业交际社会，还体现着一个人的社会地位、经济水平以及内涵和修养等。即使你认为以貌取人只是一种肤浅的社会认知，但是毋庸置疑的事实是，在职场交际场合，你的着装可以传达给别人很多关于你自身的讯息。因此，你不应该忽略自己的着装，而是需要一些很专业的指导，选择那些符合自己身份与地位的服装，或者说选择那些符合你想成为的某类人的着装风格。从某种意义上说，着装可以算是一项投资，一项为了实现成功而必不可少的投资。

Yerkes-Dodson法则：有压力不一定有动力

Yerkes-Dodson法则，也称叶杜二氏法则，该理论认为压力与业绩之间存在着一种倒U形关系，适度的压力水平能够使业绩达到顶峰状态，过小或过大的压力都会使工作效率降低。

Yerkes-Dodson法则的提出者是心理学家叶克斯与杜德逊，他们经实验研究归纳出了Yerkes-Dodson法则，解释了心理压力、工作难度与作业成绩三者之间的关系。他们认为人们因动机而产生的心理压力，对人们的工作表现有促动功能，不过压力所产生的促动功能的大小，还因工作难度与压力高低而异。通常来说，在简单易为的工作情境中，当人们承受较大的工作压力时，将会实现较佳的成绩。这是因为简单工作多属重复性的活动，人们长时间从事这种活动便会形成自动化的连锁功能，在完成工作时，一般不需太多的认知思考，便可充分胜任。因此，如果存在心理压力的话，不但不会影响自动化功能的进步，反而有可能提升自动化的速度。但是对于那些复杂困难的工作，便是另一回事了——由于人们在从事复杂、需要较多智力付出的活动时，心理活动易于受到复杂困难情绪的扰乱，如果承受了较大的压力，思考稍有疏忽，就难免会忙中出错，引致一些不良后果。

通过Yerkes-Dodson法则，可以得出如下结论：

（1）各种活动都存在一个最佳的动机水平。

（2）动机的最佳水平随任务性质的不同而不同。

（3）在难度较大的任务中，较低的动机水平有利于任务的完成。

很显然，一般而言，那些可以灵活调整自己动机强度的人，更易于取得较好的工作业绩。这是因为在现实环境中，没有一个人总是在执行固定难度的任务，而是总会遇到不同性质的任务，如果一个人能根据任务性质的不同进行适当的动机调整，他便能取得较好的成绩。

**为什么上级比你更有话语权**

在职场中，很多的小人物都产生过这样的无奈，当你提出一个想法后，大家嗤之以鼻，认为那是小人物的狂想，但是同样的观点经由你老板之口说出后，大家便会认为这一观点闪耀着智慧的光芒——由于职场地位不同，同样的意见和方法产生了大相径庭的影响力：地位高的人所提意见、办法会被多数人认同、赞成，并执行，而地位低的人所提意见、办法，哪怕是正确的，或与地位高的人一模一样，而很少会被人认同、赞成，更不会去执行。这种现象便是心理学中的地位效应——在人群心理学中，人们把由于处于不同地位而提出的意见、办法而产生不同效应的现象，称为地位效应。

美国心理学家托瑞是地位效应的提出者，他曾做过一个佐证实验：让飞机场空勤人员（其中有驾驶员、领航员、机枪手）一起讨论解决某个问题，每个成员必须首先提出自己的解决办法，最后把全组同意的办法记录下来，发现绝大多数成员同意领航员的办法而很少同意机枪手的。当领航员有正确办法时，群体会100%同意；而当机枪手有正确办法时，群体只有40%的人同意。——实验充分证明了地位效应的存在。

关于为什么会产生地位效应，有如下三个方面的原因：

（1）地位高的人大多阅历较广，才智过人，对某个专业领域有较深的研究，这种个性和背景特质很容易使他们获得他人的崇拜，进而被视为真理的化身。

（2）一般而言，地位高的人都在权力、名气或财富方面拥有较多的优势，正所谓"权大气粗、财大气粗、学大气粗"，一旦忤逆这些地位高的人，人们便会遭遇不安全感、失落感和恐惧感的袭击，为了避免这种恶性境遇的发生，很多人便会屈从于位高者，也许他们并不真的赞成位高者的观点和做法。

（3）毋庸置疑的是，在信息持有量与质方面，位高者明显比位低者更有优势，位高者处于金字塔组织的最顶端，可以接触到整个组织的信息总量，这些信息又经智囊团的过滤细析，自然能得出最有价值的信息。而位低者处于"金字塔"组织的最底层，得到的信息十分有限，他们往往不得不依赖非正式渠道获取小道消息，获取信息的局限性自然导致他们的判断不如位高者更有见地，在话语的影响力方面，两者不可同日而语。

蘑菇管理定律：牛人都是熬出来的

20世纪70年代，一批年轻人从事电脑编程的工作，作为行业的先行者，当时很多人都不理解他们的工作，对他们持怀疑和轻视态度，于是，这些郁闷的年轻人便自嘲为"像蘑菇一样的生活"，暗指自己像蘑菇一样，虽然很需要养料和水分，但为了避免阳光的直接照射，只能暗暗地生长在幽暗的角落里，养料也多是来自人和动物的排泄物，这些排泄物虽然是不洁的东西，但又是他们生长所必需的。后来，关于蘑菇的比喻便被引申为"蘑菇管理定律"，指的是组织和组织中原有的成员对新进入者的一种心态，他们常常被安排在不受重视的部门，终日所做的只是一些打杂跑腿的工作，动不动还会无端地受到他人的批评、指责，根本得不到必要的指导和提携，只能在组织中自生自灭。

对于很多的职场人士而言，当他们回忆起人生的第一份工作时，恐怕蘑菇管理定律是他们对于新工作最深的感悟了。在那段岁月中，他们得不到重视与尊重，被随意驱使，尽管他们的学历与潜力或许比组织中的老成员更有优势，但可能他们需要为那些老成员负责买咖啡、打扫卫生，他们也鲜有在公司中表现的机会，所做的工作与初入公司的梦想遥不可及，甚至感到自己的未来就要湮没在这种琐碎没有成就感的工作中。

从企业的角度来看，由于聘用新人往往意味着风险，除了那些空降到公司的高端人才外，大多数的新员工都会经历一段类似蘑菇的阴暗时期，如果他们真正是符合公司要求的人才，便会渐渐地从阴暗的角落被迁到阳光的地方，被组织委以重任，在公司中获得发展的时机。由此可见，对于新员工而言，最初的"蘑菇时期"更像是一段羽化的过程，在这个阶段，新员工日渐了解公司的企业文化、熟悉公司内部的人际交往、明晰不同部门之间的分工与合作，为以后在组织的发展打下坚实的基础。

虽然蘑菇管理定律是组织运行的一条潜规则，但很多的职场新人都难以忍受类似蘑菇的职场磨合期，自恃拥有本科或研究生的学历，不愿意放下身段去做一些不起眼的小事情，即使做这些小事情时，也心怀愤懑，甚至不惜挑衅组织和组织中的人员，以怀才不遇的心态离开组织。然而，蘑菇管理定律作为成员在组织发展普遍的规律，初入职场的新人应明白这是职场发展的必经阶段，在这个过程中，注重学他人所长累积工作经验，才是缩短"蘑菇期"的有效途径。

当你初入职场时，一定会遇到很多地位比你高、收入比你多的职场前辈，或许在那些职场前辈光鲜的背后，正隐藏着那么一段类似于蘑菇的黑暗岁月，因为职场升迁的普遍规律是：牛人都是熬出来的。

彼得原理：晋升也许是条"死亡"之路

几乎每个人在进入职场时，都会为自己树立这样的目标：加薪、升职。由于对于成功的惯性追求，人们总是认为爬得越高就代表越好，可是晋升的真相果然如此吗？

奥克曼是莱姆汽修公司的杰出技师，他对目前的职位相当满意，因此，当公司有意调升他做行政工作时，他很想予以回绝。然而，奥克曼的太太艾玛并不支持他这一决定。艾玛是当地妇女协进会的活跃会员，她鼓励先生接受公司升职的决定。如果奥克曼升职，全家的社会地位、经济能力都会跃升一个台阶。如此一来，艾玛就可以竞选妇女协进会的主席，也有能力换部新车、添购新装，还可以为儿子买辆迷你摩托车了。

奥克曼并不情愿舍弃目前的工作，去承担办公室里枯燥乏味的工作。但在艾玛的劝服与唠叨之下，他终于屈服了。升职6个月之后，奥克曼得了胃溃疡，医生告诫他必须滴酒不沾。艾玛也开始指责奥克曼和新来的秘书有染，并且把失去主席头衔的责任全部推到他身上。除了工作时间冗长不堪外，奥克曼并没有从新职位上获得任何成就感，因此下班回家后，脾气十分暴躁。由于彼此不停地指责和争吵，奥克曼夫妇的婚姻彻底失败了。

另外一个相反的例子是这样的。哈里斯是奥克曼的同事，他也是莱姆公司的优秀技师，而且老板也打算提升他。哈里斯的太太莉莎非常了解先生很喜欢目前的工作，他一定不愿意花更多的时间坐办公室，负更多责任。莉莎没有强迫哈里斯去做一个他不喜欢的工作，因此，哈里斯继续当一名技师。哈里斯一直保持开朗的个性，在社区里是个广受欢迎的人物，工作之余，他还担任社区里青年团体的领袖。社区的车如果需要修理，一定都送到莱姆公司，以回报哈里斯平时对公益事业的热心。哈里斯的老板知道他是公司不可或缺的宝贵资产，所以为他提供了优厚的红利、稳定的工作和一切制度内允许的薪水加级。于是，哈里斯买了一辆新车，为莉莎添购新装，也为儿子买了一辆自行车和棒球手套。哈里斯一家过着舒适美满的生活，他们夫妇幸福的婚姻令亲朋好友非常羡慕。他们在邻里间享有的美誉，正是奥克曼太太梦寐以求的理想。

奥克曼和哈里斯迥然不同的职场经历似乎证明了这样一个关于晋升的真相：晋升也许是条"死亡"之路。对于这种现象，加拿大管理学家劳伦斯·彼得进行了系统的研究，在对千百个有关组织中不能胜任的失败案例进行分析归纳后，他得出了彼得原理：在一个等级制度中，每个职工趋向于上升到他所不能胜任的地位。彼得认为，每一个员工由于在原有职位上工作成绩表现好（胜任），就会被提升到更高一级职位；其后，如果继续胜任将被进一步提升，直至到达他所不能胜任的职位上。因此，彼得的推论为："每一个职位最终都将被一个不能胜任其工作的职工所占据。层级组织的工作任务多半是由尚未达到不胜任阶层的员工完成的。"

1960年9月，在一次由美国联邦出资举办的研习会上，彼得博士首次公开发表了他的发现。然而由于听众是一群负责教育研究计划的主管，他们都已获得了晋升，是晋升的直接受益人群，因而他们对彼得的发言不以为然，并报以敌意和嘲笑。后来，彼得将自己的思想集结成册，以《彼得原理》为书名谋求出版，但是，彼得共收到了14位编辑的退稿信。直到一位记者在报纸上撰文介绍彼得原理，由于获得了读者极大的反响而促使出版商出版《彼得原理》，书籍出版后，在非小说类畅销书排名榜上占据榜首位置达20周。

彼得原理对于现代企业层次结构的设定有着深刻的启示，直接指出了"根据贡献决定晋升"的晋升机制的弊病所在。某位员工在其职位上取得了成就，管理者为了激励员工，常常采用晋升的手段，把他提升到较高的职位上，此时，管理者便犯了一个逻辑错误，认为员工既然能在目前的职位上表现出色，想当然地认为他能胜任更高的职位，但事实上，往往较高职位所需要的才能是员工暂时所不具备的。员工由于表现出色而获得晋升，直到晋升到他们不能胜任的职位上，最终导致企业中绝大多数的职位都由不能胜任的人所担任，造成企业人浮于事、效率低下，很多的平庸者身居高位，却并不具备相应的能力素质。这种理论听起来危言耸听，但现实中很多企业的职位任职状况确实如此。

　　对于个体而言，如果你不具备胜任能力便被晋升到某一个更高的职位上，很可能你便会成为这种晋升机制的牺牲品，显示出自己相较职位要求较低的能力，沦为一名不合格的职场人士。所以，从晋升的幻梦中醒醒吧，有时候，追求到不切实际的事物后，不过是踏上了枉道速祸之途。

 **为什么升职的总是那些不如你的同事**

　　一些怀有雄心壮志的人进入职场后，他们都会给自己确定这样一个目标：努力工作，争取早日升职加薪。然而，他们的这种梦想却常常遭到现实的重创，那些明显工作能力不如他们、工作态度不如他们的同事反而比他们更快地升职。于是，这些有志青年陷入了彷徨，一度怀疑这个世界究

竟以怎样的规则在运转。如果他们知道帕金森法则，就会明白，从某种意义来看，能力高并不是获得升职的通行证。

生于1909年的诺思科特·帕金森（C. Northcote Parkinson）是英国历史学博士，就学于剑桥大学和伦敦大学，先后在皇家海军学院、利物浦大学和马来西亚大学执教，为英国皇家历史学会会员。20世纪60年代移居美国，又在哈佛大学任课。1957年，他在马来西亚一个海滨度假时发现，一个人做一件事所耗费的时间有着极大的差别：一个人可以在10分钟内看完一份报纸，也可以看半天；一个忙人20分钟可以寄出一叠明信片，但一个无所事事的老太太为了给远方的外甥女寄张明信片，可以足足花一整天：找明信片一个钟头，寻眼镜一个钟头，查地址半个钟头，写问候的话一个钟头零一刻钟……特别是在工作中，工作会自动地膨胀，占满一个人所有可用的时间，如果时间充裕，他就会放慢工作节奏或是增添其他项目以便用掉所有的时间。

帕金森由此得出推论：在行政管理中，行政机构会像金字塔一样不断增多，行政人员会不断膨胀，每个人都很忙，但组织效率却越来越低下。这便是帕金森法则的中心旨意。

帕金森进而具体阐述了机构人员膨胀的原因及后果：一个不称职的官员，可能有三条出路：第一是申请退职，把位子让给能干的人；第二是让一位能干的人来协助自己工作；第三是任用两个水平比自己更低的人当助手。

这第一条路是万万走不得的，因为那样会丧失许多权力；第二条路也不能走，因为那个能干的人会成为自己的对手；看来只有第三条路最适宜。于是，两个平庸的助手分担了他的工作，他自己则高高在上发号施令。两个助手既无能，也就上行下效，再为自己找两个无能的助手。如此类推，就形成了一个机构臃肿、人浮于事、相互扯皮、效率低下的领导体系。

自上而下，一级比一级庸人多，产生出臃肿的庞大管理机构。对一个组织而言，管理人员或多或少是注定要增长的。那么这个帕金森法则，注定要起作用。

帕金森举例说：当官的A君感到工作很累很忙时，一定要找比他级别和能力都低的B先生和C先生当他的助手，把自己的工作分成两份分给B或C，自己掌握全面。B和C还要互相制约，不能和自己竞争。当C工作也累也忙时，A就要考虑给C配两名助手；为了平衡，也要给B配两名助手，于是一个人的工作就变成7个人干，A君的地位也随之抬高。当然，7个人会给彼此制造许多工作，比如一份文件需要7个人共同起草圈阅，每个人的意见都要考虑、平衡，绝不能敷衍塞责，下属们产生了矛盾，他要想方设法解决；升级调任、会议出差、恋爱插足、工资住房、培养接班人……工作越来越忙，甚至7个人也不够了。

帕金森用英国海军部人员统计证明：1914年皇家海军官兵14.6万人，而基地的行政官员、办事员3 249人，到1928年，官兵降为10万人，但基地的行政官员、办事员却增加到4 558人，增加了40%。

帕金森法则深刻地揭示了行政权力扩张引发人浮于事、效率低下的"官场传染病"。

帕金森法则的成立前提就是一个人在一个不断追求完善的组织中，担负着和自身能力不相匹配的平庸的管理角色，且不具备权力垄断的人群中才起作用。那么反弹琵琶，一个没有管理职能的组织，比如网络虚拟学术组织、兴趣小组之类，不存在帕金森法则阐释的可怕顽症。一个不思进取、抱守陈规的组织，不必要引进新人，自然也没有帕金森法则的困扰。一个拥有绝对权力的人，他不害怕别人攫取权力，也不会去找比他平庸的人做助手。一个能够承担他的管理角色的人，没有必要找一个助手，也不存在帕金森法则的情况。

通过上述条件的分析，我们可以清晰地看到：权力的危机感，是产生帕金森现象的根源。恩格斯曾经说过："自从阶级社会产生以来，人的恶劣的情欲、贪欲和权势欲就成为历史发展的杠杆。"人作为社会性和动物性的复合体，因利而为，是很正常的行为。假设他的既有利益受到威胁，那么本能会告诉他，一定不能丧失这个既得利益，这也正是帕金森法则起作用的内因。一个既得权力的拥有者，假如存在着权力危机，不会轻易让渡自己的权力，也不会轻易地给自己树立一个对手。在不妨害他人为前提的良心监督下，会选择两个不如自己的人作为助手，这种行为是卑鄙的，但却是无法谴责的。因为它并没有违反任何的规章制度，于是，帕金森法则充斥于社会的各个角落。

帕金森将自己的发现著书成文，在书中，详细揭示了六项职场潜规则：

潜规则一：不能要太精明能干的下属。

潜规则二：决定权在中间派的手里。

潜规则三：议题涉及金额的大小与讨论的时间成反比。

潜规则四：地位高的人不一定是酒会的关键人物。

潜规则五：假装成"低能儿"才能在暗潮涌动的人事举荐中独领风骚。

潜规则六：领导的功勋越卓著、在位时间越长，接班人越难有出头之日。

因此，这也可以理解这样一种残酷的现实了——为什么升职的总是那些不如你的同事。

如何虏获上级的心

对于职场人士而言，从某种意义来看，与上级的关系如何，决定了你未来的发展之路如何。所以对于如何虏获上级的心，是渴望升职人士不得不知的职场潜规则。一般而言，让上级欢迎的下属有如下这些特质：

1. 精明强干是关键因素

上级一般都很赏识聪明、机灵、有头脑、有创造性的下属。这样的人往往能出色地完成任务。有能力做好本职工作是使上级满意的前提。一旦被人认为是无能无识之辈，既愚蠢又懒惰，便很危险了。

2. 善于向上级请教，能够让上级感受到自己的权威性

与上级的相处中，谦逊是相当重要的。谦逊意味着你有自知之明，懂得尊重他人，有向领导请教学习的意向，意味着"孺子可教"。谦逊可让你得到更多人的支持，帮助你更好地成就事业。

3. 关键时刻，要为上级挺身而出

常言道：疾风知劲草，烈火炼真金。在关键时刻，上级才会真切地认识与了解下属。人生难得机遇，不要错过表现自己的极好机会。当某项工作陷入困境之时，你若能大显身手，定会让上级格外器重你。当上级本人在思想、感情或生活上出现矛盾时，你若能妙语劝慰，也会令其格外感激。此时，切忌变成一块木头，呆头呆脑，冷漠无能，畏首畏尾，胆怯懦弱。如此，上级只会认为你是一个无知无识、无情无能的平庸之辈。

4. 在上级面前不要自吹自擂

在上级面前，不要吹牛皮，编瞎话，谎报军情。弄虚作假者，往往失信于人。通过欺骗领导而暂时得到的好感和荣誉，是不可能长久地维持下去的。

当然，诚实有诚实的艺术，一般要考虑时机、场合、上级心情、客观环境等因素，否则，诚实也会犯错误，招致上级的反感和不满。

5. 在上级面前不要计较个人得失

如果你喋喋不休地向上级提出物质利益方面要求，超过了他的心理承受能力，在感情上，他会觉得压抑、烦躁。

如果"利益"是你"争"来的，上级虽做了付出，但并不愉快，心理上会认为你是个"格调"较低的人，觉得你很愚蠢。

269

如果你的上级是个糊涂虫，与他争利益得失，反倒会把你的功劳一扫而光。"利"没有得到，"名"也会丧失。最好的办法是让上级主动地给，而不是你去"争"。

你的工作干得漂亮一些，尽最大能力满足他的要求，并且有些特色，有所创造。明白的上级会量力而行，用物质利益奖励你，无须你"争"。

6. 与上级交谈时，不可锋芒毕露

君子藏器于身，待时而动。你的聪明才智需要得到上级的赏识，但在他面前故意显示自己，则不免有做作之嫌。上级会因此而认为你是一个自大狂，恃才傲慢，盛气凌人，而在心理上觉得难以相处，彼此间缺乏一种默契。与上级相处，须遵循以下原则：

（1）寻找自然、活泼的话题，令他充分地发表意见，你适当地做些补充，提一些问题。这样，他便知道你是有知识、有见解的，自然而然地就会认识了你的能力和价值。

（2）不要用上级不懂的技术性较强的术语与之交谈。这样，他会觉得你是故意难为他；也可能觉得你的才干对他的职务将构成威胁，并产生戒备，而有意压制你；还可能把你看成是书呆子，缺乏实际经验而不信任你。

7. 提建议时，不要急于否定上级原来的想法

提建议时，多注意从正面有理有据地阐述你的见解。有民主要求，还要有民主素质，即要懂得尊重他人意见，尊重上级意见。这样，他才会承认你的才干。

针对上级个人的工作提建议时，尽可能谨慎一些，必须仔细研究上级的特点，研究他喜欢用什么方式接受下属的意见。大大咧咧的上级可用玩笑建议法，严肃的上级可用书面建议法，自尊心强的上级可用个别建议法，喜赞扬的上级可用寓建议于褒奖之中法等等。

8. 不要当面顶撞上级

批评上级时，必须照顾其面子，不要令他下不了台。当面顶撞是最愚

蠢的。进谏方式很多，如动情法、比喻法、寓规劝于褒奖之中等。

9. 要主动找机会与上级交往

上级需要了解下属，下属也需要了解上级，这是正常的人际交往，不必担心别人的议论而躲避上级。你若希望上级喜欢你，看得起你，那么首先要让上级看得见你。

10. 不要在背后议论上级的长短

须知隔墙有耳。打小报告的人正在寻找材料好去告密，你的议论为他的拍马屁正好提供了时机。倘若把你的话添枝加叶，传到上级的耳朵里，你努力工作的成绩，可能会因几句牢骚话而化为乌有。

11. 适当顺从与认同你的上级

上级可能并不比下属强多少，但只要是你的上级，你就必须服从他的命令。人虽然都有一种不愿意服从别人的心理，但对于比自己强的人还是能接受的。因此有必要多寻找上级优越于你的地方，作出尊敬他、学习他的姿态。凡是尊重、服从上级的部下，即使最初上级对他一点好感也没有，也会逐渐改变印象。只要你认识到尊重上级的必要性，就会从心理上解除对服从的抵触，从而摆脱那种耻于服从的感情。

12. 掌握上级的好恶

无论是谁，都会喜欢听一些话，而讨厌听另一些话。喜欢听的就容易听进去，心理上就会觉得舒服。你的上级也不可能摆脱这种情绪。下属要掌握上级的特点，倘若在汇报中插入些上级平素喜欢使用的词，就会让他另眼相看。

此外，对上级的工作习惯、业余爱好等都要有所了解。如果你的上级是一个体育爱好者，你就不应在他的球队比赛失败后，去请示一个需要解决的其他问题。一个精明老练的、有见识的上级是很欣赏了解他、并能预知他的愿望与心情的下属。

13. 把功劳让给上级

中国人在讲自己的成绩时，往往会先说一段套话：成绩的取得，是上级和同志们帮助的结果。这种套话虽然乏味得很，却有很大的妙用：显得你谦虚谨慎，从而减少他人的忌恨。

好的东西，每一个人都喜欢；越是好的东西，越是舍不得给别人，这是人之常情。要是你有远大的抱负，就不要斤斤计较成绩的取得究竟你占有多少份，而应大大方方地把功劳让给你身边的人，特别是让给你的上级。这样，做了一件事，你感到喜悦，上级脸上也光彩，以后，上级少不了再给你更多的建功立业的机会。否则，如果只会打眼前的小算盘，急功近利，则会得罪身边的人，将来一定会吃亏。

14. 不可张扬你对上级让功之事

对上级让功一事绝不可到处宣传，如果你不能做到这一点，倒不如不让功的好。对于让功的事，让功者本人是不适合宣传的。自我宣传总有些邀功请赏、不尊重上级的味道，千万使不得。宣传你让功的事，只能由被让者来宣传。虽然这样做有点埋没了你的才华，但你的同事和上级总有一天会设法还给你这笔人情债，给你一份奖励。因此，做善事就要做到底，不要让人觉得你让功是虚伪的。

孙子兵法有云："兵无常势，水无常形，能因敌变化者，而谓之神。"与上级交往，也没有统一的技巧，应根据上级的类型采取不同的攻心策略。

1. 与冷静的上级打交道，不可自作主张

说话不多，举止安顺；高兴不会大笑，不会手舞足蹈；悲痛不会大哭，不会逢人诉说；认为对的，不会拍手称许，不会热烈表示赞成，他的举止，始终保持常态。这是头脑冷静的人。

如果遇到冷静的上级，一切工作计划，你提供意见，不要自作主张，等到决定计划后，你只要负责执行便好。至于执行的经过，必须有详细记载，即使是极细微的地方，也不能稍有疏忽。这种一丝不苟的精神，详细记载的报告，正是他所喜欢的。但执行中所遇到的困难，你最好能自行解

决，不必请求。随机应变原非他之所长，多去请求反易贻误，最好事后用口头报告当时如何应付，他就会很高兴。但要注意的是，即使事后报告，也要力求避免夸张的口气。虽然当时的确十分难办，也要以平静的口气，轻描淡写地叙述，如此反而更可表现你的应变本领。

2. 与懦弱的上级打交道，要当心他身边的实权人物

懦弱的人，不会当领袖，即使当领袖，大权也必不在手中，自有能者在代为指挥。你必须看准代为指挥的人是什么性情，再图应对的方法。一个机关的重心，不是名位，而是权力。权力的所在，才是重心所系。虽然说，名不正则言不顺，名位与重心，往往合而为一。然而，对懦弱的上级来说，名位是名位，重心是重心，绝不会合在一起。代为指挥的人如为正人君子，懦弱的上级还可保持着形式的尊严；如果代为指挥的人怀着野心，那是"挟天子以令诸侯"，政由己出，上级只是个傀儡而已。在这种处境下，你必须能与代为指挥者争相抗衡。否则，必遭失败。你也不能与代为指挥者分离，任意分离，必难有所发展。你要明白，他既取得代为指挥的地位，在他的前后左右者都是他的羽翼。有些是他特为安排的，有些则是中途依附的。这些人早已布成势力网。在这种情况下，除非他的野心暴露，导致人心思汉，你才能有所作为。

3. 与热忱的上级打交道，采取不即不离的方式

你如果遇到热情的上级，逢他对你表示特别好感时，不要完全相信而认为相见恨晚，必须明白他的热情并不会持久，要保持受宠不惊的常态，采取不即不离的方式。"不即"可使他热情上升的走势缓和，不致在短时间内便达到顶点，同时延长了彼此亲热的时间；"不离"可使他不感失望。"君子之交淡如水"，对于热情的上级，最好就是用这种方法。如果你有所主张或建议，也要用零卖方式，不要整批发售，如此才能使他对你时时都感到新鲜。对于他所提的办法，你认为对的，赶快去做，否则"夜长梦多"，过些时候他会反悔的；你认为不对的，不必当面争辩，只要口

273 ▶▶

头接受，手中不动，过些时候他自知不妥就不会再提了。

总之，对热情的上级，只能用急脉缓受的方法。万一他的情绪低落，你就安之若素，静待适当机会，再促其感情回升。他的感情好像时钟的摆，摆了过去，还会再摆回来的。除非你们之间发生误会，彼此间多了一重障碍，才不会再摆回来。

4. 与豪爽的上级打交道，要突出自己的能力

如果你遇到的是豪爽的上级，那真是值得庆幸。只要善用你的能力，表现出过人的工作成绩，只要时机成熟，绝对不用担心没有发展的机会。他自己长于才气，所以最爱有才气的人。唯英雄能识英雄，你是英雄，不怕他不赏识你；唯英雄能用英雄，你是英雄，也不怕他不提拔你。

当机会未到时，你仍很愉快地工作，并做得又快又好，这表示了你游刃有余的能力。同时还要随处留心机会，一旦发现可以异军突起时，就要好好把握。切记所计划的一切要十分周详，然后伺机提出，只要一经采用便可脱颖而出。意见被采用，表示你有眼力，若再委托你来执行，便足以说明你的能力已被肯定。你的发展，既然已有了好的开端，路子也已经摸准，那么只要一步一步地走上去，迟早会出人头地，可以不必求之过急。

5. 与傲慢的上级打交道，要谨守岗位

傲慢的人，多半有足以傲慢的条件。失去了这个条件，傲慢的，也一反其从前之所为；拥有了这个条件，伪谦的，也会改变其常态。可见傲慢是后天的，不是先天的，是环境所造成的。这种足以改变一个人个性的环境，一是挟富，一是挟贵。

你的上级如是个傲慢人物，与其取宠献媚，自污人格，不如谨守岗位，落落寡合。这样，他人虽然傲慢，但为自己的事业，也不能完全摈斥了求功的君子。一有机会，你就该表现出你独特的本领。只要你是个人才，不愁他不对你另眼相看。

6. 与阴险的上级打交道，要小心谨慎

阴险的人，城府极深，对不如意之事，好施报复，对不如意之人，设法剪除。由疑生忌，由恨生狠，轻拳还重拳，且以先下手为强，抱着与其人负我，不如我负人的观念。不疑则已，疑则莫解。其人喜怒不形于色，怒之极，反有喜悦的假相，使你毫无防范。

总之，阴险的人，绝不会采用直接报复的手段，而总是使用阴谋。如果你的上级，不幸就是这种人的话，你只有如临深渊，如履薄冰，兢兢业业，一切唯上级的马首是瞻，卖尽你的力，隐藏你的智。卖力易得其欢心，隐智易使其轻你，轻你自不会防你，轻你自不会忌你。如此一来，或许倒可以相安无事。像这种地方原就不是好的久居之所，如果希望有所表现的话，还是从速作远走高飞的打算。

在职场中，同事关系是一种微妙的存在，这是因为：

1. 同事之间存在竞争利害关系

在一些合资公司，特别是外资公司里，追求工作成绩，希望赢得上级的好感，获得升迁以及其他种种利害冲突，使得同事间存在着一种竞争关系。而这种竞争在很大程度上掺杂了个人感情、好恶、与上级的关系等复杂因素。表面上大家同心同德，平平安安，和和气气，内心里却可能各打各的算盘。利害关系导致同事之间也可能同舟共济，也可能各自想各自的

心事，因此关系免不了紧张。

2. 同事之间纷争多

既为同事，几乎天天在一起工作，低头不见抬头见，彼此之间会有各种各样鸡毛蒜皮的事情发生。每个人的性格、脾气、禀性、优点和缺点也暴露得比较明显。尤其每个人行为上的缺点和性格上的弱点暴露得多了，会引发出各种各样的瓜葛、冲突。这种瓜葛和冲突有些是表面的，有些是背地里的；有些是公开的，有些是隐蔽的；有些是表现在外的，有些是潜伏的。种种的不愉快交织在一起，便会引发各种矛盾。同事之间，尽管彼此年龄资历会有所不同，但因没有距离感，因此产生不了敬畏之心。互相之间你瞧不起我，我看不上你，彼此半斤八两的意识会使每个人放大对方的缺点或弱点，日积月累，便成了对立之势。

同事之间经常要在一起共同分工处理一些事情，这些事情如何处理，每个人都会有一些自己的想法，都有自己的一本账，自己的一篇经。每个人都会把别人的见解，别人的处理方法，拿来与自己的作一比较。一旦认为别人的水平不如自己，处理事情的能力不如自己，就会不服气。例如，某人干得很出色，获得领导的肯定与看重，就又会令他人产生嫉妒之心。

3. 同事之间难以真诚

不知道什么缘故，人们往往对同事存有戒备心。"逢人只说三分话，不可全抛一片心"的戒条在同事关系上能得到淋漓尽致的表现。很多人戴着面具去对待自己的同事，不与同事真心相待，使得同事之间往往套话、假话连篇，直话、真话很少。

虽然同事之间的关系十分微妙，但是仍然有一些策略能够使你成功征服他们的心。

1. 不排斥有棱角的同事

一位评论家强调：平时须与有癖性的人交往以锻炼自己，使自己成为坚强的人。有癖性的人，全身上下都有棱角，刚开始与这样的人交往可能不习惯，会因与其棱角对抗而伤痕累累，但绝不可因此退却，否则便会失去锻炼自己的宝贵机会。要学会忍耐，要喜爱那些有棱角的人。这样，不管遇到多么尖的棱角，也不会感到痛苦，甚至会觉得那是一种快感。长期与有癖性的人交往，对方的棱角会溶入你的体内，并渗入血液，由于体内吸收了异己的分子，则能感觉到自己变成了一个更有深度的人。

在职场生活中，你不得不与形形色色的人物打交道，不要因对方是自己不喜欢的人，就厌恶他；不妨学习与这种人适当交往的办法，这样，自己也能渐渐地成长为有度量的人，而能在上班族的生涯中崭露头角。

2. 同事之间不可随便交心

做一个"公司人"，社交活动不免与公司有关。下班之后，与同事一起喝杯酒，聊聊天，不但有助日常工作，还可能知道与公司有关的消息。因此，公司所办的各种聚会，自然要参加。与同事及上级打一两场"社交麻将"也有必要。但有一点要记住：莫要随便交心。

同事之间，只有在大家放弃了相互竞争，或明知竞争也无用的情况下，才会有友谊的存在。如果交了真心，动了真感情，只会自寻烦恼。比如，甲与乙是同级，而且是好朋友，只有一个升级的机会。如甲升了级，乙没有升，乙怎样想呢？乙若继续与甲友好，免不了会被人认为趋炎附势；甲主动对乙友好，也并不自然。

3. 巧妙隐藏自己的野心

蓝领与白领的不同之处，是蓝领向上流动性不大，升迁的机会不多。因此，蓝领工人打的是正规战术，集体讨价还价。而白领阶层则大有个别拼搏的机会，获得升迁是单打独斗的结果。因而白领之间不但没有蓝领的同志感情，往往还互相猜忌，尔虞我诈。这种环境，有如深入敌后、孤军作战的游击队。

许多力争上游的白领，很注意将对手打倒，却不善于保护自己，这是不足取的。一方面要友好竞争，一方面要在与人的竞争中保护自己，在势孤力弱的情况下，就要夹紧尾巴，千万不要露出要向上爬的样子，否则会成为众矢之。俗语说："不招人忌是庸才。"但在一个小圈子里，招人忌是蠢材。在积极做事的时候，最好摆出一副"只问耕耘，不问收获"的超然态度。

4. 不要替别人背黑锅

在公司或某个行政单位里，做事好坏对错，很多时候是由上级主观决定。如果上级意志强，下级要努力工作；上级若自以为是，下级便会唯唯诺诺，但有一些上级只是向他的上级交功课而已，敷衍了事，得过且过。

在这样的环境之下，最重要的事情是不要出事。一切如常，就不会勾起上级的雷霆之怒。但一有差错，上级为了向他的上级交代，就会抓住一个人作替罪羊。这种情况，俗话叫作"背黑锅"。

不背黑锅的方法其实很简单。最易行的就是不冒险，不马虎，事事有根据，白纸黑字，即使错了也有充分的理由解释。

一件事的对错，错的大小，是否追究，如何处罚，都是上级决定。大事化小或小题大做，都在某些上级的一念之间。因此，在这种情况下，人缘好，特别是与上级的关系不错，就会较少获罪。

5. 同事之间最好避免金钱来往

俗语说："如果你想破坏友谊，只要借钱给对方就行了！"金钱借来借去一定会发生问题。"王先生，你能不能借1 000元钱给我，我现在手边正好没钱！"假如你像这样连续3次找人借钱，就算你手头真紧，别人恐怕也不敢借给你了。遇到大家一起分摊费用时也是一样的，只要你连续3次说："今天我没带钱来！"人家就一定不会再相信你了。

常人有一个坏毛病，向人借来的钱很容易忘掉，借给别人的钱，经常记得牢牢的。因此，在此强调，有关钱的问题，你必须注意五点：

（1）在社会上工作的人，必须在身边多带些钱。

（2）尽量避免借钱给别人。

（3）借出去的钱最好不要记住，借来的钱千万不要忘记。

（4）假如身边钱不方便时，不要参与分摊钱的事。

（5）养成计划用钱的习惯。

6. 愚直只会招来不虞之灾

有一所著名的大学，曾经举办一个为期13周的经营理论讲习班。主题就是"诚实与坦率的好处"。一年后，有人着手调查，发现当时参加讲习班的人，有一半以上已经离开原来的工作单位。经过一连串的追踪采访，才知道他们把讲习中学来的管理法，应用到工作上，而遭到严重的矛盾冲突，不得不挂冠而去。

合理的坦率与正直，乍看之下是非常可爱的，但是，如果一再应用，会把友谊、婚姻、交易、事业等，慢慢导向破灭之途。比如一个满口讲理论，个性坦率而愚直的人，多半不会受到周围人的欢迎。这种人如果担任公司主管职务，等于将最脆弱而无防备的一面，暴露给一些想讨好主管上级的下属，为他们制造许多越级打小报告的机会，同时将自己的把柄落在竞争对手中。

每个人都有自我形象，且在心中以最高的诚意供奉着这个形象，不容别人加以毁损，更不欢迎那些心直口快的人，任意将实情点破，作毫不留情的批判。因此，自认坦率的人，不得不对这个问题多费一点心思去做深入的了解。

7. 上级批评同事时，你要先表示有同感再讲同事的优点

任意批评下属的缺点及抱怨下属缺乏才能的主管太多了。如果你当时在场，听到上级批评同事后，应如何应付？

如果上级指出的情形属实，确是同事的缺点时，你说："我有同感，他有你说的缺点。"但如果你只同意他有某些缺点，一旦传到当事人耳中，将被认为你和上级背地说长道短，批评别人的错处。因此表示对他的缺点有同感后，应向上级阐述同事的优点。

8. 不要在同事面前批评上级

有人在白天被上级没道理地骂一通之后，喜欢晚上约个同事小喝一杯，然后对着同事发牢骚，认为同事既然和自己喝酒了，应该就是站在自己的这一方，借着酒气，对上级大肆批评起来。

这种事情一定要避免。不论多么值得信赖的同事，当工作与友情无法兼顾的时候，朋友也会变成敌人。在同事面前批评上级，无疑是自丢把柄给别人，有一天身受其害都不自知。就算这位同事和自己肝胆相照不会作出出卖自己的事情，也得小心"隔墙有耳"呐！所以，当你要向同事吐苦水时，不妨先探探对方的口气，看看对方是否同意自己的看法。如此用心，是在社会上立足不可缺少的条件。

9. 当同事被上级责备时，不要马上表示安慰或同情

当同事在全体同仁面前公开被责备时，他所受到的伤害，绝对比一对一挨骂要来得深。被骂的人也一定是怒火中烧，痛恨上级为什么要在众人面前给自己难堪。此时他的心灵也是最脆弱的。

这个时候，如果冒失地给予同情或安慰的话语，结果又会如何呢？不但在众人面前挨骂，又在众人面前被安慰，那种羞辱的感觉一定更为深刻。在这种情况下，说什么话都不恰当，也许你认为是一片好心，但在对方看来是火上加油。因此，最好就是保持缄默。然后在工作结束后，把同事约出去吃顿饭，转换一下他的心情。这样做不但不会引起"迁怒"之感，还可博得同事的信赖。

10. 要了解公司内的人际关系及派别

组织越大，人际关系也愈复杂。大公司不像小公司，彼此关系良否一目了然。在大公司里利害关系更复杂，因此也容易产生一些"派系"问题。

上级都希望能得到属下的支持，而且拥护者是越多越好。因此，新进人员不得不被卷入这场派系斗争中去。

不论是看法与自己一致的属下，或对自己唯唯诺诺的属下，上级都想纳入自己的旗下。

可是对做部属的人而言，如何跟对人，是颇费神的一件事。哪个上级是真正看中自己的才华，哪个上级能使自己的才华得以发挥。一个新进人员必须睁大眼睛，小心观察。

要了解这些，就必须了解公司内的人际关系。而这些方面可以通过公司旅游或聚餐等，与其他人共处的场合中，看看上级对自己的态度如何，就可窥知一二了。当然，利用同事间的消息传达，也是一个好方法。当然，得知了这些资讯，并不是要你不择手段打入某个团体中，那是小人的作风。你只要冷眼旁观，不被卷入不良团体中即可，保持中立是绝佳法则！

除了上面一些泛泛的策略，还有如下八个比较有针对性的交际策略：

1. 应付口蜜腹剑的人——微笑着打哈哈

面对口蜜腹剑的人，如果他是你的老板，你要装得有一些痴呆的样子。他让你做任何事情，你都唯唯诺诺满口答应。他和气，你要比他更客气。他笑着和你谈事情，你笑着猛点头。万一你感觉到，他要你做的事情实在太损了，你也不能当面拒绝或翻脸，你只能笑着推诿，誓死不接受。

如果他是你的同事，最简单的应付方式是装作不认识他。每天上班见面，如果他要亲近你，你就找理由马上闪开。能不做同一件工作，尽量避开不要和他一起做。万一避不开，就要学着写日记，每天检讨自己，留下工作记录。

如果他是你的部下的话，只要注意三点：其一独立的工作或独立工作位置留给他；其二不能让他有任何机会接近上面的主管；其三对他表情保持严肃，不带笑容。

2. 应付吹牛拍马的人——不要与他为敌

如果你碰到吹牛拍马的主管，要和他搞好关系。他吹牛拍马对你无害。

当此类人是你的同事时，你就得小心了，不可与他为敌，没有必要得罪他。平时见面还是笑脸相迎，和和气气，如果你有意孤立他，或者招惹他，他就可能把你当作往上爬的垫脚石。

如果他是你的部下，要冷静对待他的阿谀逢迎，看看他是何居心。

3. 应付尖酸刻薄的人——保持一定距离

尖酸刻薄的人，是在公司内较不受人欢迎的。他们的特征是和别人争执时往往挖人隐私不留余地，同时冷嘲热讽无所不至，让对方自尊心受损，颜面尽失。

这种人平常也以取笑同事、挖苦老板为乐事。你被老板批评了，他们会说："这是老天有眼，罪有应得。"你和同事吵架了，他们会说："狗咬狗一嘴毛，两个都不是好东西。"你去纠正部下，被他们知道了，他们也会说："有人恶霸，有人天生贱骨头，这是什么世界？"

尖酸刻薄的人，天生伶牙俐齿，得理不饶人。由于他们的行为离谱，因此在公司内也没有什么朋友。他们之所以能够生存，是因为别人怕他们，不想理他们。但如果有一天他们遭到众怒，也会被治得很惨。

如果这类人不幸是你的老板，你唯一可做的事，就是换部门或换工作，但在事情还没有眉目或定案前，不要让他知道。否则，他的一轮人身攻击，你恐怕会承受不了。

如果他是你的同事，和他保持距离，不要惹他。万一吃亏，听到一两句刺激的话或闲言碎语，就装没听见，千万不能动怒，否则，是自讨没趣，惹鬼上身。

如果他是你的部下，你要多花时间在他身上。有事没事和他聊聊天，讲一些人生的善良面，告诉他做人厚道自有其好处。你付出的爱心和教诲，有时会替公司带来一份意想不到的收获。

4. 应付挑拨离间的人——最好谨言慎行

同样是一张嘴巴，有人用来吹牛拍马，有人用来讽刺损人，有人用来挑拨是非，离间同仁。吹牛拍马是不损人利己；尖酸刻薄是损人利己；挑拨离间是将公司弄得乱七八糟，人心惶惶，变文明为野蛮，人人自危，人人争斗。

这种类型的人，给公司带来的杀伤力非常大，只要一不注意或处理不当，便可能灰飞烟灭，处处残迹。应付这类型的人，没有什么好的办法，只能防微杜渐，不让这类人进来，或一发现就予以制止或清除，否则，后果不堪设想。

挑拨离间型的人做了你的老板，你首先要注意的是谨言慎行，和他保持距离，在公司内建立个人信誉。万一有一天，有什么是非发生，你得尽量化解，虚心忍耐，同时要保持着"能做就做，不能做就走"的宽广心胸。

这种人做了你的同事，你除谨言慎行及和他保持距离外，最重要的是你得联络其他同事，建立联防及同盟关系，将他孤立起来。如果他向任何人挑拨或离间，都不要为之所动，不要受影响。

如果他是你的部下，那你就要想办法弄走他，孤立他。如果下不了手，那他就会孤立你，弄走你。

5. 应付雄才大略的人——虚心地学习

这一类型的人，胸怀大志，眼界开阔，而不计较一些小的得失。他们在工作时，不忘掉充实自己及广结善缘。除了完成自己的工作外，他们也会帮助别人和指导同事。

每到一个地方，不论他们是否已待很久，或已成为组织中的正式主管，他们都能在极自然的状况下，影响别人，控制群体的行为。俗语所说的"虎行天下吃肉"，指的大概就是这种人。

雄才大略的人，见识往往异于常人，思维逻辑方式也有其个人特色。他们在时机不成熟时，可以忍耐，不论是卧薪尝胆或是从你的胯下爬过，他们都能接受。但是，时机成熟，他们便奋臂而起，如鹰冲天，没有人能与之争锋。

不是每一个雄才大略的人，都是成大功、立大业的。但是，做人处世自有风格，不卑不亢、不急不躁是他们的本色。

有雄才大略的老板，你是跟对人了。于是亦步亦趋，片刻不可相离。他晋升你也跟着晋升，碰到这种老板，你要虚心地向他学习。因为天下没有不散的筵席，当曲终人散时，别人都受益匪浅，而你不要两手空空。

有雄才大略的同事，如果大家利害一致，大可共创一番轰轰烈烈的事业。如果一山不能容二虎的话，也可各取所需，各享盛名，而得其利。如果以上都行不通的话，你就全心全意地帮他成功，自己多少也留下识才的美名。

有了这种部下，你应有自知之明，知道他终非池中之物，有朝一日定会超过你。虚心地接纳他，给他实质上的资助及肯定。这在会计学上称为投资，到时候一定是有利润的。

6. 应付翻脸无情的人——应该留一手

这一类型的人最大的特征就是，翻脸如翻书。说翻就翻，一翻就是好几页。在他们翻脸时，你不要问他们理由。你不必述说从前对他们的恩情和助益。他们一个字都听不进去。

翻脸无情的人似乎是得了一种"忘恩记仇病"。你对他们的百般呵护，只要小事一桩不顺他们的心，就全盘翻覆。这有如野心狼子，你养育愈久，对自己的危险就愈大。这种情形，在国内的电视连续剧的剧情中，最常看得见。三十集中，让他们横行二十九集半，最后还是编剧者应观众的要求，将他们在银幕内正法。

翻脸无情的人发现，他们利用这种方式来处理人际关系，简直是无往不利，处处占便宜。他们每次利用完别人，又找到新的利用对象时，就翻脸。反正每次翻的都是不同的人，别人不但记不住，也无可奈何，只能自认倒霉！

如果你的老板是这种翻脸无情的人，你在他手下做事时，千万要记住"留一手"。任务完成了，你就要小心被炒鱿鱼了。怎样化被动为主动呢？当他要翻脸的那一刹那，你就告诉他："我等你好久了，为什么你今天才要翻！少来这一套，你这种手段我看多了。"

有着这种同事，你倒是大可不必和他一般见识，反正没有利害关系，各干各的活，翻不翻随便他！

有这种部下最令人伤脑筋，也没有什么好的办法。最重要的是不能因为他常翻脸，而特别迁就他。别的部下会以为你是欺善怕恶，这就划不来了。

7. 应付敬业乐群的人——工作得卖力气

这一类型的人，由于工作态度和做事方法正确，颇受公司的肯定和同事的爱戴。凡是他们在的单位及群体，都会有着不错的生产力和业绩。这一类型的人，会感染其他的工作同仁，让组织朝着正面的方向发展，给员工带来一个合作而和谐的工作环境。

当公司顺利时，大家共同努力，共享成果；当公司不顺时，大家咬紧牙关，奋发图强，再创生机。平时没事的当儿，他们会主动地训练新手，培养团体实力；工作忙碌的刹那，他们又能影响同仁，相互支援，共渡难关。这一类型的人，不论是你的主管、同事或部下，在和他们一起工作时，你都要学着和他们一样地敬业乐群。如果你表现出不是那个样子的话，你就会被他们比下去。

8. 应付踌躇满志的人——尽量顺着他

踌躇满志的人，对任何事物都有自己的见解。他们之所以会踌躇满志，是因为一直处在一种极顺的状况下，不曾尝过失败的苦头，因此也不怕失败。上帝既然对他们如此地眷顾，只要上帝不死，他们自然会再受眷顾下去。

他们没有办法接受别人的意见，如果别人够聪明的话，也不用和他们争辩。要知道一个长久不曾失败过的人，是因为他的智慧，而不是他的运气。

如果他是你的老板，在他的面前不要乱出点子。尽量照他的意思去做，他会把他的意思讲得很清楚。因为他怕你笨，所以他会多讲一遍。最后，再问你一次，懂了吗？等你回答懂了，他才放心。有时，他会礼貌性地问一下，对他的做法，有没有意见？此时你就立即肯定他的做法。你若稍有犹豫或再多问两句，都会被他嗤之以鼻。

对这种部下，交一些难度较高的工作给他做。做成功了，也不赞许；做失败了，再交给别人做。让别人做成功，让他知道人外有人，天外有天的道理。不用训练他和告诉他做事的方法，他听不进去。多花一些精力在别人的身上，对他绝对是有益的。

心理测试：

何时才是你事业的出头天？

某一天你正和情人在草地上散步，抬头一看，天上有一只红色的麻雀，请问，你认为它正飞向：

A.西北方的高原

B.西方的沼泽

C.南方的花园

D.东方的树林

E.东南方的茶园

F.北方的海洋

G.东北方的高山

H.西南方的田野

测试分析：

选A或B：别说出头天，可以保住饭碗就要偷笑了，所谓枪打出头鸟，凡事请千万低调，尤其小心不要与长官发生冲突。

选C：最近有不错的机会，也许是长官提携，让你有很好的发挥机会，请你全力以赴，以免错失良机。

选D或E：最近工作很不顺利，付出得极多却收入得极少，让你有很深的无力感，短期之内暂时没有什么发挥的机会，请多鼓励自己以度过此低潮期。

选F：虽然忙碌劳累，但是可以大展身手，颇有收获，如果是业务型的工作，能有不错的业绩。

选G或H：无论是同事或主管都很支持你，近期大有可为，一定要全力以赴，不要让机会白白溜走了。